U0322077

黑龙江省
五大连池风景区
耕地地力评价

赵金玲　主编

中国农业出版社

内 容 提 要

　　本书是对黑龙江省五大连池风景区耕地地力调查与评价成果的集中反映，是在充分应用耕地信息大数据智能互联技术与多维空间要素信息综合处理技术，并应用模糊数学方法进行成果评价的基础上，首次对五大连池风景区耕地资源历史、现状及问题进行了分析和探讨。它不仅客观反映了五大连池风景区土壤资源的类型、面积、分布、理化性质、养分状况和影响农业生产持续发展的障碍性因素，揭示了土壤质量的时空变化规律，而且详细介绍了测土配方施肥大数据的采集和管理、空间数据库的建立、属性数据库的建立、数据提取、数据质量控制、县域耕地资源管理信息系统的建立与应用等流程的方法和程序。此外，还确定了参评因素的权重，并通过利用模糊数学模型，结合层次分析法，计算了五大连池风景区耕地地力综合指数。这些不仅为今后如何改良利用土壤、定向培育土壤、提高土壤综合肥力提供了路径、措施和科学依据；而且也为今后建立更为客观、全面的黑龙江省耕地地力定量评价体系，实现耕地资源大数据信息采集分析评价互联网络智能化管理提供了方法学参考。

　　全书共八章。第一章：自然与农业生产概况；第二章：耕地地力评价的技术路线；第三章：耕地地力条件与农田基础设施；第四章：耕地土壤属性；第五章：耕地地力评价；第六章：耕地区域配方施肥；第七章：耕地地力评价与平衡施肥；第八章：耕地地力评价与种植业结构调整。书后附有 4 个附录供参考。

　　本书理论与实践相结合、学术与科普融为一体，是黑龙江省农林牧业、国土资源、水利、环保等大农业领域各级领导干部、科技工作者、大中专院校教师和农民群众掌握和应用土壤科学技术的良师益友，是指导农业生产必备的工具书。

编 写 人 员 名 单

总 策 划：王国良　辛洪生

主　　编：赵金玲

副 主 编：刘妍绮　李莉莉

编写人员（按姓氏笔画排序）：

刘妍绮　刘俊伟　闫　伟　安慧凡　李青梅

李莉莉　吴秀丽　赵金玲

序

农业是国民经济的基础；耕地是农业生产的基础，也是社会稳定的基础。中共黑龙江省委、省政府高度重视耕地保护工作，并做出了重要部署。为适应新时期农业发展的需要、促进农业结构战略性调整、促进农业增效和农民增收，针对当前耕地土壤现状确定科学的土壤评价体系，摸清耕地的基础地力并分析预测其变化趋势，从而提出耕地利用与改良的措施和路径，为政府决策和农业生产提供依据，乃当务之急。

2009年，五大连池风景区结合测土配方施肥项目实施，及时开展了耕地地力调查与评价工作。在黑龙江省土壤肥料管理站、黑龙江省农业科学院、东北农业大学、中国科学院东北地理与农业生态研究所、黑龙江大学、哈尔滨万图信息技术开发有限公司及五大连池风景区农业科技人员的共同努力下，五大连池风景区耕地地力调查与评价工作于2012年顺利完成，并通过了农业部组织的专家验收。耕地地力调查与评价工作，摸清了五大连池风景区耕地地力状况，查清了影响当地农业生产持续发展的主要制约因素，建立了五大连池风景区土壤属性、空间数据库和耕地地力评价体系，提出了五大连池风景区耕地资源合理配置及耕地适宜种植、科学施肥及中低产田改造的路径和措施，初步构建了耕地资源信息管理系统。这些成果为全面提高农业生产水平，实现耕地质量计算机动态监控管理，适时提供辖区内各个耕地基础管理单元土、水、肥、气、热状况及调节措施提供了基础数据平台和管理依据。同时，也为各级政府制定农业发展规划、调整农业产业结构、保证粮食生产安全以及促进农业现代化建设提供了最基础的科学评价体系和最直接的理论、方法依据，也为今后全面开展耕地地力普查工作，实施耕地综合生产能力建设，发展旱作节水农业、测土配方施肥及其他农业新技术的普及工作提供了技术支撑。

《黑龙江省五大连池风景区耕地地力评价》一书，集理论基础性、技术指导性和实际应用性为一体，系统介绍了耕地资源评价的方法与内容，应用大量的调查分析资料，分析研究了五大连池风景区耕地资源的利用现状及存在的问题，提出了合理利用的对策和建议。本书既是一本值得推荐的实用技术读物，又是五大连池风景区各级农业工作者必备的一本工具书。该书的出版，将对五大连池风景区耕地的保护与利用、分区施肥指导、耕地资源合理配置、农业结构调整及提高农业综合生产能力起到积极的推动和指导作用。

王国良

2017 年 5 月

前言

随着我国社会经济的飞速发展，农业科技不断进步，人口、粮食、资源环境矛盾愈加突出。为了确保国家粮食安全和生态安全，满足人民生活和社会发展的需要，农业科技进步已成为农业科技工作最迫切的任务；而加强土地管理、提高耕地生产能力，则成为提高粮食生产潜能的重要问题。众所周知，土地是人类赖以生存的基础；耕地是农业生产的前提条件，是人类社会可持续发展不可替代的生产资料。随着农村经济体制、耕作制度、作物布局、种植结构、产量水平、肥料施用总量与种类及农药施用等诸多方面出现的变化，现存的全国第二次土壤普查资料已不能完全适应当前农业生产的需要。因此，开展耕地地力调查与评价工作，把握耕地资源状态、土地利用现状、土壤养分的变化动态，是掌握耕地资源状态的迫切需要，是加强耕地质量建设的基础，是深化测土配方施肥的必然要求，是确保粮食生产安全的基础性措施，是促进农业资源化配置的现实需求。做好这项工作，是为农田基本建设、农业综合开发、农业结构调整、农业科技研究、新型肥料开发和"三农"发展提供科学依据的重要措施之一。

五大连池风景区耕地地力调查与评价工作，是按照《2006年全国测土配方施肥项目工作方案》《耕地地力调查与质量评价技术规程》（NY/T 1634）、黑龙江省2006年耕地地力调查与质量评价工作精神，于2009年开始启动。此次耕地地力调查与评价工作得到了五大连池风景区管理委员会的高度重视，给予了资金的支持，并多次召开专项推进工作会议，研究部署耕地地力调查与评价工作，由五大连池风景区主管农业的副主任高峰负总责。耕地地力调查与评价工作，全程得到了黑龙江省土壤肥料管理站及五大连池风景区相关部门的大力支持，使耕地地力调查与评价工作于2012年12月基本完成。

在2009—2012年的4年时间里，工作人员共采集土样近万个。通过调查分析，对全区耕地进行了耕地地力评价分级，总结出五大连池风景区耕地地力退化的原因，提出了耕地地力建设与土壤改良培肥、耕地资源整理配置与种植结构调整、农作物平衡施肥与绿色农产品基地建设、耕地质量管理与保护等建设性意见；建立了五大连池风景区耕地资源管理的评价体系，绘制了耕地地力等级图、土壤养分等级图等；并由专人负责编写了《黑龙江省五大连池风景区耕地地力评价》一书。耕地地力评价对五大连池风景区耕地资源进行了科学配置，在此基础上提高了全区耕地利用效率，为促进农业可持续发展打下了良好的基础。通过比较分析耕地地力的变化特征，揭示了地力的空间变化规律，制定出了当前耕地改良和利用的对策，确保了国家粮食安全。同时，耕地地力评价结果可以将工作空间延伸到现行的测土配方施肥实践、精准农业探索等应用型研究领域，是一项从理论到实践的系统工程，为五大连池风景区农业生产的可持续发展提供了科学指导依据。

此次评价，由于调查内容多、分析评价技术性强、工作任务繁重，以及技术力量不足和编者水平所限，在本书编写过程中难免存在不当之处，敬请读者批评指正。

编　者

2017年5月

目 录

第一章　自然与农业生产概况

第一节　自然与农村经济概况

一、地理位置与行政区划

五大连池风景名胜区自然保护区（简称五大连池风景区）位于黑龙江省北部，处于东北亚大陆裂谷的轴部、小兴安岭南坡松嫩平原的过渡地带。境内有 14 座火山锥体，10 个堰塞湖。地理坐标为北纬 48°30′～48°51′，东经 126°00′～126°25′。总面积为 106 000 公顷。属大陆性寒温带季风气候，海拔高度为 350～530 米，地势由东北向西南渐低。正东和正南与五大连池市区相连，西与讷河县接壤，北与嫩江县、孙吴县毗邻。积温带在四、五过渡带之间，无霜期 95～120 天，有效积温 2 050～2 300℃，年降水量为 400～600 毫米。境内交通发达，202 国道穿境而过，行政村交通畅通率达 100%，北五公路、讷五公路全面通车。景区邮政、电信基础设施完备，城镇、乡村电网升级改造全部完成。全区有耕地总面积26 775公顷，是一个以旱作农业麦豆作物栽培为主的农业区域。

五大连池风景区管理委员会具有县级政府的行政管理职能，机构规格为正处级。区内有中央和黑龙江省直属科研单位 3 个，中央、黑龙江省、黑河市直属单位 29 个，农垦、大庆石油管理局和部队的县处级单位 8 个。

五大连池风景区辖 1 个镇（处级），7 个行政村，11 个自然屯，2 个街道社区。总人口 22 684 人，其中，区属人口 15 592 人，农业人口 7 092 人。全区耕地面积 26 775 公顷，农业人口平均耕地为 3.77 公顷。

五大连池风景区是世界地质公园，自然资源丰富。矿泉水与法国维希矿泉、俄罗斯北高加索矿泉并称为"世界三大冷泉"，具有较高的医疗、保健价值，是中国唯一的矿泉水之乡。目前，已发现 7 条矿泉水带、6 种矿泉水，24 小时自涌量 4 万吨左右。这里的矿泉水可饮、可溶、可医，利用矿泉泥生产的黑色化妆品堪称中国一绝，被称为"神水""圣水"。

目前，五大连池风景区已荣获 2 项世界级桂冠和 12 项国家级荣誉。世界级桂冠是世界地质公园和世界人与生物圈保护区；国家级荣誉有国家自然保护区、中国矿泉水之乡、最具潜力的中国十大风景名胜区、中国旅游胜地四十佳、中国生物圈保护区、国家自然遗产、国家重点风景名胜区、国家森林公园、国家地质公园、国家 AAAAA 级风景旅游区、中国著名火山之乡、中国矿泉城。五大连池风景名胜区是黑龙江省精品旅游线路之一，具备综合性旅游经济开发潜力的美丽城市。

自然保护区内火山地质遗迹珍稀，生物多样性突出，野生动植物资源极为丰富。保护区内有植物 143 科、428 属、1 044 种，其中有珍稀濒危植物 47 种，如东北石竹、钝叶瓦松和红皮云杉等，盛产蕨菜、都柿、黑木耳、猴头、金叶菜、蘑菇等天然绿色产品以及人参、刺五加、贝母、五味子、黄芪等上百种名贵中药材；野生动物 55 科、121 种，其中，有麋鹿、黑熊、丹顶鹤、水獭等国家二级保护动物；蝶类7科80种。

五大连池风景区自然资源极为丰富。境内14座火山拔地而起，30多条河流纵横交错，300多泉眼星罗棋布，水资源总量达28亿立方米，具有发展水产养殖得天独厚的条件。盛产鲫、鲁鱼、鳌花、哲罗等20余种鱼类。品位在99.7%的脉石英矿，储量在20万吨。花岗岩、珍珠岩、玄武岩、火山砾、河流石、黄沙等储量在4亿立方米以上。

五大连池风景区现利用土地共1 620.39公顷。其中，水渠4.68公顷，坑塘水面20.71公顷，镇驻地664.24公顷，农村居住点930.76公顷。

五大连池风景区未利用土地共8 939.23公顷，占总面积的8.4%。其中，荒草地面积7 242.38公顷，沼泽地面积1 696.85公顷。

五大连池风景区交通用地总面积122.79公顷。其中，公路用地101.15公顷，农村道路21.64公顷。

五大连池风景区属各类土地面积及构成见表1-1。

表1-1　五大连池风景区属各类土地面积及构成

序号	土地利用类型	面积（公顷）	占总面积的比例（%）
1	荒草地	7 242.38	6.832
2	天然草地	5 198.56	4.904
3	林　地	36 567.49	34.498
4	旱　地	38 906.78	36.705
5	水库水面	2 677.83	2.526
6	农村居民点	930.76	0.878
7	沼泽地	1 696.85	1.600
8	裸岩石砾地	11 241.11	10.605
9	坑塘水面	20.71	0.020
10	镇驻地	664.24	0.627
11	省　道	52.35	0.049
12	县　道	48.80	0.046
13	水　渠	4.68	0.004
14	乡　道	21.64	0.021
15	河流水面	725.81	0.685
合　计		105 999.99	100

五大连池风景区耕地按照第二次土壤普查结果，土壤类型及面积统计见表1-2。

表1-2　五大连池风景区耕地土壤类型及面积

序号	土类名称	亚类数量（个）	土属数量（个）	土种数量（个）	面积（公顷）	占总面积的比例（%）
1	暗棕壤	2	3	3	1 234.21	7.5
2	草甸土	1	1	1	565.74	3.5
3	黑　土	2	2	3	12 822.50	78.0

（续）

序号	土类名称	亚类数量（个）	土属数量（个）	土种数量（个）	面积（公顷）	占总面积的比例（%）
4	新积土	1	1	1	1 731.15	10.5
5	沼泽土	2	2	2	77.50	0.5
合　计		8	9	10	16 431.10	100.0

五大连池风景区土地自然类型齐全，利用程度较高，但存在宏观调控和微观管理不到位，供给与需求失衡，水源、"四荒"面积较大，有一定的中低产田需要改造等问题。在后备土地资源开发、中低产田改造、土地整理、城镇国有存量土地、农村居民点存量土地等方面还有一定的潜力可挖。

二、自然气候与水文地质条件

1. 气候条件　干预土壤发生发展的气候因素主要是气温和降水。五大连池风景区属中温带大陆性季风气候，春、秋两季短促。春季风大而少雨，秋季温冷湿润，夏季受东南季风的影响而温暖多雨，冬季漫长而寒冷。土壤冻结期长达 8 个月以上，融冻作用相互交替，土温低，土壤冷湿，有利于腐殖质化与泥炭化过程的进行，从而使本区土壤表现出冷温、富含有机质的特点。

（1）气候区划。五大连池风景区山脉纵横，河流交错，地势高差大，造成境内气候变化复杂，特别是各地小气候变化更为明显。五大连池附近区域采用的是农业气候区划，农业气候区划是开发利用农业气候资源的主要手段。农业气候资源是各级农业区划、农业合理布局、改革种植制度、农业引种、农业自然资源开发利用战略决策的重要依据。在农作物的生长过程中起主导作用的是热量，其次是水分。根据全区各地气候特点，以热量为中心，以水分为条件，分为下面两个自然气候区。

严寒湿润林农气候区：火山台地和低山丘陵河谷区，海拔较高，平均为 400～500 米。热量条件最差，第二次土壤普查时≥10℃积温为 1 600～1 800℃，初日出现在 5 月 22 日之后，终日出现在 9 月 14 日之前。日平均气温稳定通过 0℃初日在 4 月 14 日之后，日平均气温稳定通过 5℃初日在 5 月 1 日之后。枯霜初日在 9 月 12 日之前，终霜晚、初霜早，无霜期 90～110 天。水分充足，年降水量 550 毫米以上。由于受地势影响，暴雨出现机会多，易形成洪涝灾害和水蚀。主要自然灾害有霜冻、低温、内涝和大雾。北部如能防止低温、霜冻和水土流失，可夺取农业丰收。

冷凉半湿润半干旱农业气候区：丘陵漫岗、火山台地及波状平原区，平均海拔高度为300～400 米。热量条件较好，第二次土壤普查时≥10℃积温为 2 050～2 250℃，初日出现在 5 月 15～17 日，终日出现在 9 月 15～19 日。枯霜初日在 9 月 15～20 日，无霜期为105～120 天。日平均气温稳定通过 0℃初日在 4 月 6～9 日，日平均气温稳定通过 5℃初日在 4 月 27～29 日。降水量较平均，年降水量 450～500 毫米，其他地域为 500～550 毫米。6 月 5～10 日之后，水分开始满足作物需要。主要自然灾害有干旱、大风、冰雹、霜冻和内涝。这一气候区适宜种植小麦、大豆、玉米、谷子和糜子等。

（2）植物表现。五大连池风景区农作物物候特征见表1-3，五大连池风景区植物物候特征见表1-4。

表1-3　五大连池风景区农作物物候特征

品种	播种 （日/月）	出苗 （日/月）	三叶 （日/月）	拔节 （日/月）	抽穗 （日/月）	抽雄 （日/月）	开花 （日/月）	成熟 （日/月）	天数 （天）
小麦	5/4	9/5	20/5	3/6	28/6		3/7	3/8	110
大豆	6/5	31/5	2/6				12/7	14/9	131
玉米	15/5	28/5				18/7		4/9	100

表1-4　五大连池风景区植物物候特征

月份	节气	物候表现	平均日期 （日/月）	最早日期 （日/月）	最晚日期 （日/月）	多年变幅天数 （天）
4	季春	野草地面变绿	12/4	25/3	20/4	26
4	季春	蒲公英开始展叶	17/4	2/4	27/4	25
5	初夏	条柳开始开花	1/5	21/4	6/5	15
5	初夏	复叶戚花菜开花	2/5	22/4	9/5	17
5	初夏	杨树开始发芽	3/5			
5	初夏	李树开始开花	20/5			
6	仲夏	榆树果实成熟	7/6	28/5	12/6	15
9	仲秋	白桦开始落叶	22/9	9/9	4/10	25
9	仲秋	李树开始落叶	27/9			
10	仲秋	杨树开始落叶	1/10			
10	仲秋	榆树开始落叶	4/10	29/9	14/10	15
10	仲秋	紫丁香落叶末期	20/10	27/10	25/10	8

（3）气温与积温。第二次土壤普查前，即1985年全区年平均气温为－2～0.5℃。由于境内地形复杂，气温、降水、风速等气候条件受到很大的影响，随着地形的不同也发生了较大的变化，在全区各地的分布很不均匀。气温由南向北、从西至东逐渐递减。最热是7月份，极值达38.2℃，平均气温20.1℃；最冷是1月份，平均气温－23.8℃，极值达－45.8℃。一年中，有5个月平均气温在0℃以下。

第二次土壤普查时，全区≥10℃的活动积温为1 600～2 150℃，从西南向东北逐渐减少。积温年际间变化也很大，1970年达2 187.8℃，而1978年为1 851.4℃。无霜期为80～115天，年平均日照时数为2 400～2 800小时，一年一熟作物的中早熟品种可正常生长。第二次土壤普查前，累年各月平均气温见表1-5。

表 1-5　累年各月平均气温

单位:℃

月　份	1	2	3	4	5	6	7
数值	−23.8	−20.0	−9.2	3.0	11.1	17.2	20.1
月　份	8	9	10	11	12	全年平均	
数值	18.0	11.4	2.1	−11.2	−22.0	−0.3	

受气温的影响,土温也随之发生相应的变化。1984 年 1 月地表温度最低,为 −21.7℃;6 月地表温度最高,为 26.3℃;年地表温度平均为 3.7℃(表 1-6)。一般在 10 月下旬开始封冻,至次年 6 月中旬化通,冻结期长达 8 个月。冻土深度一般达 200～220 厘米,1978—1979 年五大连池镇冻土深达 246 厘米。

表 1-6　1984 年地表温度

单位:℃

月　份	1	2	3	4	5	6	7
数值	−21.7	−15.1	−4.9	9.3	15.1	26.3	26.2
月　份	8	9	10	11	12	全年平均	
数值	24.9	12.9	2.4	−10.4	−20.7	3.7	

表 1-7　1988—2008 年累年各月平均气温变化情况

单位:℃

月　份	1	2	3	4	5	6	7
累年平均	−23.5	−17.1	−7.5	4.5	12.6	18.7	21.2
月　份	8	9	10	11	12	全年平均	
累年平均	19.2	12.2	3	−10.2	−20.3	0.76	

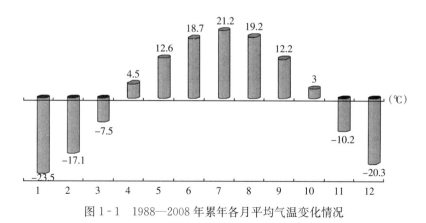

图 1-1　1988—2008 年累年各月平均气温变化情况

    五大连池风景区近 20 多年气温的变化见表 1-7 和图 1-1。1988—2008 年，五大连池风景区气温发生了较大的变化，年平均气温从第二次土壤普查时的－0.3℃，提高到 1988—2008 年平均气温 0.76℃，平均年气温提高 0.79℃。而境内气温分布不均匀，由南向北、由东向西递增，四季气温差异较大。春季受暖空气影响，气温回升很快，温差较大，变化无常，一次升降温达 20℃以上。夏季受暖湿空气和季风的共同影响，显得特别炎热，7 月份气温最高，月平均气温达 20.8℃。秋季受西伯利亚冷空气侵袭，气温下降很快，10 月份平均气温下降到 2.3℃，平均气温比春季稍低。冬季在西伯利亚高压的控制下，显得特别寒冷，最冷的 1 月份平均气温为－24.3℃。1990 年 1 月 23 日出现的最低气温极值为－42℃，1997 年 7 月 18 日出现的最高气温极值为 35.4℃。日平均气温稳定通过≥10℃的初、终日平均为 5 月 14 日和 9 月 19 日，第二次土壤普查前，年活动积温平均为 2 165℃。气温≥10℃的初、终日平均为 6 月 5 日，气温≤－30℃的初、终日平均为 12 月 12 日和 2 月 21 日，气温≥30℃或≤－30℃为初、终日数平均在 70 天左右。

    通过气温和有效积温的对比，可以看出五大连池风景区近 20 多年，作物生长所需要的活动积温较第二次土壤普查统计，有效积温提高到 2 469.9℃，整体上提高了 200～250℃，无霜期从第二次土壤普查时的 85～115 天延长到 95～125 天，种植作物的生育期不断延长，产量逐渐提高，农民的生活水平不断提高。但不同积温的乡（镇），作物产量也有很大的变化。所以，在本次耕地地力调查时，五大连池风景区把有效积温作为评价指标。

    1988—2008 年五大连池风景区日平均气温稳定通过≥10℃的初、终日及积温见表 1-8，≥10℃积温变化情况见图 1-2。

表 1-8 五大连池风景区历年≥10℃初、终日及积温

年份	≥10℃初日	≥10℃终日	≥10℃积温（℃）
1988	5 月 10 日	9 月 28 日	2 532.9
1989	5 月 11 日	9 月 14 日	2 239.8
1990	5 月 6 日	9 月 3 日	2 357.2
1991	5 月 11 日	9 月 25 日	2 390.6
1992	5 月 11 日	9 月 14 日	2 261.7
1993	5 月 25 日	9 月 17 日	2 114.0
1994	5 月 19 日	10 月 1 日	2 519.1
1995	5 月 12 日	9 月 12 日	2 231.3
1996	5 月 6 日	9 月 21 日	2 495.5
1997	5 月 8 日	9 月 9 日	2 328.6
1998	5 月 10 日	9 月 20 日	2 444.0
1999	5 月 10 日	9 月 13 日	2 356.7
2000	4 月 28 日	9 月 29 日	2 904.8
2001	5 月 9 日	9 月 15 日	2 477.5
2002	5 月 2 日	9 月 18 日	2 514.9

（续）

年份	≥10℃初日	≥10℃终日	≥10℃积温（℃）
2003	5月10日	9月28日	2 468.4
2004	5月8日	9月27日	2 621.6
2005	5月11日	10月3日	2 596.0
2006	5月12日	9月7日	2 260.8
2007	4月28日	9月25日	2 815.0
2008	5月11日	9月22日	2 937.7
平均	—	—	2 469.9

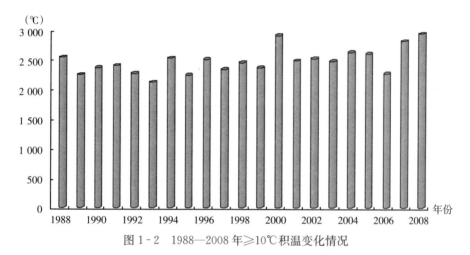

图 1-2　1988—2008 年≥10℃积温变化情况

（4）降水与蒸发。降水量的多少受植被和地形的影响，特别是受森林覆被率的影响很大。五大连池风景区的降水规律是从南到北、由东至西逐渐增加，降水中心在三池子附近，年降水量 568 毫米以上。据第二次土壤普查的资料记载，全区降水量最多是 1962 年，为 645.8 毫米；最少是 1965 年，为 379.9 毫米。一般年均在 400～600 毫米，累年平均降水量为 517.4 毫米（表 1-9）。而 1988—2008 年，降水最多的是 2004 年，降水量为 673.2 毫米；最少的是 2007 年，降水量为 453.8 毫米。

表 1-9　1965—1985 年累年各月降水量与蒸发量

单位：毫米

月　份	1	2	3	4	5	6	7
降水量	2.9	2.9	5.2	21.5	40.3	77.4	140.3
蒸发量	5.8	14	49	143.3	225.3	209.6	174.3

月　份	8	9	10	11	12	全年平均	
降水量	121.8	69.2	24.7	7.8	3.4	517.4	
蒸发量	146.6	117.7	81.5	23.4	6.3	1 196.8	

一年中各月之间降水很不平衡，降水最多是 7 月，最少是 1～2 月。作物生长旺季 6～8 月降水量为 339.5 毫米，占全年降水量的 65.6%；春季的 4～5 月降水量仅为 61.8 毫米，占全年降水量的 11.9%。

从表 1-9 中可以看出，第二次土壤普查前全年蒸发量为 1 196.8 毫米，干燥度 0.68。1988—2008 年五大连池风景区的降水量平均增加近 30 毫米，而蒸发量与第二次土壤普查前差不多（表 1-10）。在这种条件下，五大连池风景区的抗旱能力有所增强，旱田作物一般不需要灌溉可正常生长。从降水量与蒸发量的关系看，夏、秋两季降水较多而蒸发量小，往往湿润易涝；而春季降水很少蒸发量大，极易发生旱象，造成五大连池风景区丘陵漫岗地土壤十年九春旱的特点，影响播种和作物苗期生长。1988—2008 年累年各月降水量与蒸发量的关系见图 1-3。

表 1-10 1988—2008 年累年各月降水量和蒸发量

单位：毫米

月　份	1	2	3	4	5	6	7
降水量	3.7	2.3	7.5	19.3	33.8	89.1	152.6
蒸发量	6	13.2	51	128	206	223.8	183.9

月　份	8	9	10	11	12	全年平均	
降水量	110	76.3	27	8	7	536.3	
蒸发量	136.7	123.1	80.9	22.9	5.9	1 180.7	

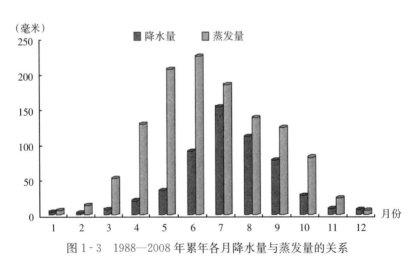

图 1-3 1988—2008 年累年各月降水量与蒸发量的关系

五大连池风景区降水集中，而且十年九春旱，近几年的降水量较第二次土壤普查时有所增加。为了提高土壤的抗旱能力，应不断增加有机肥和农家肥的施入，适合开展畜牧业的乡（镇）要大力发展养殖业，走种植业和畜牧业良性循环的道路。

（5）日照。1988—2008 年 20 年的气象资料表明，五大连池年平均日照时数为 2 768.9 小时，日照平均百分率为 60%。日照时数变化为夏长冬短，辐射强度变化为夏强冬弱，日照百分率变化为冬高夏低。5 月日照时数最长，历年平均为 273.2 小时；12 月最短，平均为 167 小时。五大连池风景区 1988—2008 年平均日照时数见表 1-11。平均日照百分率夏季为 54%，冬季达 65%。1999 年为日照时数最多，达 2 888.5 小时。

表 1-11 五大连池风景区 1988—2008 年平均日照时数

单位：小时

月	1	2	3	4	5	6
平均	180.7	215	263.9	250.26	285.6	273.2

月	7	8	9	10	11	12
平均	253	258.56	230.6	211.08	180	167

冬至前后昼最短，五大连池风景区日出 7 时 50 分、日落 16 时 9 分，昼长仅 8 小时 19 分，夜长达 15 小时 41 分。夏至前后昼长夜短，五大连池风景区日出 3 时 58 分、日落 20 时 6 分，昼长达 16 小时 8 分，夜长仅 7 小时 52 分。

2. 水文地质条件 五大连池境内水源主要靠大气降水，可分为 2 个水文区。北部和东部偏多为 600 毫米，西南部偏少为 400～500 毫米，中部为 500～550 毫米，南部为 550～600 毫米。莲花湖、燕山湖、白龙湖、鹤鸣湖和如意湖 5 个串珠状的堰塞湖是主要水源。境内河、湖、泊、沼泽、水库、塘坝较多，共有水面 3 429.03 公顷。

境内地表水区域分布不均。北部多水区，年平均降水量为 575 毫米，年平均径流深 180～250 毫米；南部为少水区，年平均降水量为 480 毫米，年平均径流深 75 毫米。年际变差大，年降水量变差系数为 0.25～0.27，年径流深的变差系数为 0.5～0.8。多水年份平均径流量为 27.8 亿立方米。少水年平均径流量仅为 4.29 亿立方米，相差 6 倍多。年内降水和径流分配相差悬殊，7～9 月最多，占全年降水量、径流量的 69.2% 和 68%；11 月至翌年 3 月最少，占全年的 3.9% 和 4.3%；10 月占全年的 4.1% 和 10%；4～6 月占全年的 22.9% 和 17.7%。

境内主要水系有 5 个池子及湖泊 1 座。5 个池子长达 150 千米，流域面积 7 400 平方千米。池子不规则，自北向南注入讷谟尔河。中下游河床坡降 1/1 500，洪水排泄不畅。出槽流量 200 立方米/秒。最大的洪水流量 4 800 立方米/秒，年平均流量 15.4 亿立方米。河两岸广阔的河漫滩上发育着沼泽土，故河道、牛轭湖等低洼处、小支流和二级以上支流的两侧发育成半水成型、水成型的草甸土、沼泽土和泥炭土。

三、农业生产活动和农村经济概况

1. 农业生产活动 农业生产活动对土壤的发展和理化性状都有深刻的影响。与之在自然因素影响下的演化速度相比，土壤在人为活动影响下的演化速度是极为迅速的。因此，自然因素与人为因素被称为土壤形成的两大因素。

例如，草甸暗棕壤上的森林植被一旦遭受到破坏，疏林草甸随之侵入，逐渐形成深厚的腐殖质层，水热特性也发生巨大的变化，土壤慢慢地演变成为黑土。当黑土开垦耕种后，如果不注意土壤的保护工作，腐殖层逐年变薄，则演变为破皮黄黑土及裸露的黄土岗；反过来，也可向着相反的方向转化。又如，沼泽土在开沟排除积水的条件下，会逐渐旱化演变成草甸土。这一转化周期，一般需 30～50 年即可完成。

施肥与土壤的养分状况有直接的关系。1984 年，五大连池风景区耕地平均每公顷施用农家肥 30.00 千克，化肥 63.75 千克，这对土壤的肥力状况都有明显的影响。

此外，水利工程的排灌、植树造林、土壤耕作等都对土壤的演化起很大的作用。

2. 农村经济状况　全境总面积 106 000 公顷，其中，区属面积 664.24 公顷。有耕地（区属）26 775 公顷，草地 12 440.94 公顷，林地 36 567.49 公顷。

历经半个多世纪的艰苦奋斗和开发建设，五大连池风景区已成为黑龙江省重要的商品粮生产基地。2009 年，五大连池风景区农业和农村经济在连续多年持续健康快速发展的基础上，再创佳绩，全年实现农林牧渔业总产值 6 230 万元。

第二节　农业生产概况

一、农业生产发展简史

历史上，五大连池风景区是北方少数民族共同生活的家园，其历史源远流长。据史志记载，五大连池 6 000 多年前就有人类活动的踪迹。商周时期属隶慎族居住地，隋唐时期属黑水靺鞨部落居住地，辽代为东京道室韦王府辖地，金代为女真完颜部居住地，元代为斡赤斤分封地，明代为奴儿干都司纳木河卫的河所辖地。清代为布特哈总管衙门辖区的达斡尔索伦部打牲部落杂居地。1695 年（清康熙三十四年），从黑龙江、精奇里江迁来的达斡尔人，被编为布特哈八旗。1690 年，清政府为抗御沙俄侵略，派兵 500 人随同家属及水手进驻空郭尔进屯（今团结乡团结村）屯垦戍边，其中主要是汉族人和满族人，这是最早进入该地区的汉族人和满族人。1910 年，日本吞并朝鲜后，一些朝鲜人因不堪忍受其殖民统治而陆续进入中国，本地开始有朝鲜族人。1912 年，世居辽宁的蒙古族人因大灾奔向北大荒谋生，开始进入本地。1922 年，回族人因经商来到这里，并在此定居。清光绪以前，本地人口以达斡尔族为主，朝鲜族、蒙古族、满族、鄂伦春族、鄂温克族只占少部分。1905 年后，讷谟尔河两岸荒地开放，大批汉族人进入，自此就一直保持多数地位。

《莫力达瓦达斡尔族自治旗志》记述：自 1649 年始，达斡尔族的南迁规模和迁居地域逐渐扩大。郭博勒氏（今"郭"姓）首领吴莫迪及德都勒氏（今"德"姓）率族众迁至嫩江东岸讷谟尔河流域（今讷河市、五大连池市、五大连池风景区），建索鲁古尔等屯。乌力斯氏（今"吴"姓）和索都尔氏（今"索"姓）定居讷谟尔河流域。

另据黑河市《新生鄂伦春族乡志》记载：17 世纪以前，鄂伦春族主要世居，游猎于贝加尔湖以东、黑龙江以北、精奇里江以南，直至库页岛的广大地区。17 世纪初，沙皇俄国越过西伯利亚侵入中国的边境。鄂伦春族在奋起反抗的同时，于 1653 年（清顺治十年）被迫迁到黑龙江南（右）岸、小兴安岭和嫩江之滨。讷谟尔河是嫩江主要的支流，至此，讷谟尔河流域五大连池镇开始有鄂伦春族人。

1720—1721 年，五大连池境内爆发了新的火山——老黑山和火烧山。《宁古塔记略》载："墨尔根（今嫩江县城）东南，一日地中忽出火，石块飞腾，声震四野，越数日火熄。"此地居民于是迁往四处，数年后才陆续迁回。到 1776 年，火烧山再次喷火。《黑龙江》一书记载："此山其后也曾喷发火，顶常冒烟。1776 年（乾隆四十一年）大地震，此山喷出大岩石及石灰，三日不见太阳。居民骇惊，向西避难，数日归来。"

1945 年，大批汉族人迁入务农，在此大量开荒，致使人口逐渐增加，出现了村落。

1949 年后，国家在此开辟了多处农场，进行了大面积开垦。

五大连池风景区先后经历了 5 次体制改革。1979 年，在五大连池风景区设立德都县五大连池镇。1980 年，黑龙江省政府设立五大连池保护开发利用小组，后改为五大连池管理局。1983 年 10 月，国务院同意批准设立五大连池市，成为全国唯一设立管理局的风景区。1996 年 1 月，黑龙江省政府决定撤销德都县并入五大连池市，市址设在德都县。原五大连池市成立黑龙江省五大连池风景区管理局和五大连池镇，管理局由省政府直管委托五大连池市代管，五大连池镇由五大连池市直管。2000 年 8 月 29 日，黑龙江省政府决定撤销五大连池风景区管理局，（黑政办综字〔2000〕89 号文）成立黑龙江省五大连池风景名胜区自然保护区管理委员会，即现行管理体制。

由此可见，第二次土壤普查时本区土地的开垦时间同其他市县相比是比较短的，一般在 50～70 年，长者达 100 年左右。开荒特点是由西向东、由南至北，时间依次缩短。

二、农业发展现状

近年来，随着改革开放的政策深入进行，随着我国加入世贸组织，人们生产的市场意识越来越强。在国家惠农政策的鼓舞下，风景区管理委员会对发展农业生产工作的力度进一步加大。

目前，全区耕地面积 26 775 公顷，农业人口人均耕地 3.77 公顷，粮豆薯总产量为 60 496 吨，总产值 13.5 亿元。其中，小麦面积 3 227 公顷、总产量 15 474 吨，大豆面积 22 566 公顷、总产量 40 091 吨，玉米面积 667 公顷、总产量 4 181 吨，水稻面积 15 公顷、总产量 75 吨，薯类面积 15 公顷、总产量 75 吨，其他经济作物蔬菜、瓜类、芸豆等 269 公顷、总产量约为 773 吨。农业总产值 4 768 万元，农业占大农业总产值的 76.53%，农业人口人均产值 6 723 元。

五大连池风景区农业生产有条不紊地向前推进和发展，农业科技贡献率为 40%～50%，人们对科学种田的意识有了普遍的提高。随着市场经济的发展、种植结构的调整、农业机械化水平的提高以及农业基础设施的改善，农业生产开始由传统型农业向现代化农业转变。以优质、高效、绿色为特征的效益型农业已初步形成，全区落实建设新农村 2 个，建设国家级标准良田 2 个村 50 公顷耕地。农业综合开发以农田水利基本建设为中心进行中低产田改造，治理面积近 1 333 公顷。河流清淤、涵桥修建、排涝工程工作，做到了基本畅通无阻，使 600 公顷的易涝农田得到了有效治理和利用。创建国家级大豆高产示范点 2 个、面积为 666.7 公顷，国家级水产健康养殖示范区 1 个。拥有大中小型配套农业机械 1 705 台，基本建成了以农技网络信息和测土配方网络信息平台为主的农业推广服务体系。从五大连池风景区农业生产的发展和农村的经济现状看出，人们的经济收入逐年增加，生活水平有了很大改善农业生产已初步形成了以主导产业为主、打绿色牌、走生态特色路的农业新格局。

三、影响农业生产主要灾害

自然灾害可直接影响农业生产。有些自然灾害虽然来源于天，却成灾于地。影响农业生产的自然灾害主要有：

1. 春旱 由于受到地理位置的影响，风景区夏季降水量大而集中，春、秋两季降水较少，年内降水量分布很不均匀。同时，春季风速大，水分蒸发快，导致土壤干旱，影响种子萌发及幼苗生长。西部地区尤为严重，中部地区次之，而北部、东部由于森林覆被率高则很少发生春旱现象。

再者是"卡脖旱"。主要是春雨推后，在大田作物出苗期，小麦分蘖期高温缺雨，造成大田作物出苗后因土壤缺水而枯萎，从而导致小麦棵矮、穗小或造成"二茬苗"。春旱也使施用的肥料不能发挥出应有的效力，严重影响作物的产量和经济效益。自 1976 年以来，春旱与"卡脖旱"已成为连续性的自然灾害。

2. 内涝、洪涝 夏季降水量大而集中，使低洼地、排水不畅的低平地积水较多，土壤水分过于饱和，通气不畅，农作物生育不良以致被淹死。有些年份讷谟尔河河水泛滥成灾，淹没、冲毁沿河两岸大片农田上的作物，造成减产或绝产。从 1985 年至今，风景区涝灾出现的概率为 10%。水涝灾害都有不同程度的发生，最为严重的是 2004 年，水灾面积达 800 公顷，大部分地块造成了绝产。

3. 霜冻、低温 风景区多年（1966—1984 年）活动积温平均仅为 2 126.9℃。初霜期平均在 9 月中下旬，终霜期在 5 月中旬前后。目前，当地栽培的作物品种，正常年份均能成熟。但有些年份，若初霜期早 10～15 天或终霜期在 5 月末 6 月初出现，农作物即将遭受冻害。据史料记载，1966 年和 1976 年较为严重，受灾面积分别为 400 公顷和 500 公顷。但在 1988—2008 年的 20 年间，气温和作物生长的活动积温不断增加，作物的生育期逐渐增长。在正常情况下，作物生长受霜冻的影响少，作物的产量也不断提高。

低温往往发生在夏、秋两季，多是由于阴雨连绵、低温寡照（光照强度减弱 4.5～5.5 千卡/平方厘米），作物生育受到影响而减产。低温年份，积温比历年平均少 100～150℃，1969 年和 1972 年比历年少 300～400℃，造成大幅度减产。而自 1988—2008 年，五大连池风景区年活动积温平均为 2 475.5℃，较 1982 年前增加 200～250℃，农作物的生育期也相对延长，作物产量和农作物的品质也有很大的改善。

4. 风灾 五大连池风景区位于小兴安岭西风口地带，春季气温回升快，春风风力极大，极易引起土壤干旱。另外，土壤遭受严重风蚀，肥沃的表土被刮走，从而降低了土壤的肥力，每年岗地表土被风剥蚀厚达 1 毫米以上。

地力监测、耕地地力评价的任务之一，就是要通过人为的土壤管理措施，控制或减轻自然灾害的危害。植树造林，可防风固土，防治风害；恰当的土壤耕作，可提高土壤的蓄水能力，增加蓄水量，建立起地下水库，减轻春旱的危害，比如打破土壤的隔水层次（如犁底层），使土壤既保墒抗旱，又表水深蓄，减小地表径流，有一定的抗涝作用；适时整地、播种、中耕和科学施肥等，可使作物生长良好，促进早熟，避免霜冻危害；大搞田间农业工程设施，做到旱灌、涝排，以保证农作物产量的相对稳定。

第二章 耕地地力评价的技术路线

第一节 调查内容与方法

一、调查内容及步骤

1. 调查内容 按照《耕地地力调查与质量评价技术规程》（以下简称《规程》）要求，对所列项目，如立地条件、土壤属性、农田基础设施条件、栽培管理和污染等情况进行了详细调查。为了更加透彻的分析和评价，附录4中所列的项目无一遗漏，并按说明所规定的技术范围进行描述。对附录4未涉及，但对当地耕地地力评价又起着重要作用的一些因素，在表中附加，并将相应的填写标准在表后注明。调查内容分基本情况、化肥使用情况、农药使用情况和产品销售调查等。

2. 调查步骤 五大连池风景区耕地地力质量评价工作大体分为4个阶段。

（1）准备阶段：2009年8月20日至9月10日。此阶段主要工作是收集、整理和分析资料。具体内容包括：

统一野外编号：全区共1个镇、2个街道社区、7个村、11个自然屯，分为3个采样小组，每个小组从1～N依次编号。

确定调查点数和布点：全区确定调查点位4 000个。但本次地力调查点最终确定点位为705个，均为旱田。其中，以这些点位所在的镇、村为单位，填写了"调查点登记表"，主要说明调查点的地理位置、野外编号和土壤名称，为外业做好准备工作。

外业准备：五大连池风景区种植的大田作物是一年一熟制，作物的生育期较长。收获期最晚的在9月20日左右，到9月25日前后才能基本结束，而土壤的封冻期为10月30日前后。如果收获结束后再进行外业调查和取样，只有30余天。若遇降雨、降雪等气候状况，则仅有半个月左右的时间可以利用，这样就有可能不能顺利地完成外业。所以，我们把外业的全部工作分为两个部分，分步进行。第一次外业于10月2日进行。主要任务是：对被确定调查的地块（采样点）进行实地确认，同时对地块所属农户的基本情况进行调查；按照《规程》中所规定的调查项目，设计制定了野外调查表，统一项目、统一标准进行调查记载。第二次外业于秋收后到10月底结束。主要任务是采集土样，填写土样登记表，并用GPS卫星定位系统进行准确定位，同时补充第一次外业时遗漏的项目。

（2）第一次外业调查阶段，分四步进行。

第一步，组建外业调查组。本次耕地地力调查工作得到了五大连池风景名胜区管理委员会的高度重视及镇政府等有关部门的大力支持。为了保证外业质量，五大连池风景名胜区农业技术推广中心主任亲自挂帅，业务副主任主抓，抽出5名技术骨干，组成了3个工作小组，每组负责2个村的调查任务。

第二步，培训和试点。人员和任务确定后，为使工作人员熟练掌握调查方法，明确调查内容、程序及标准，农业技术推广中心组织有关技术人员于 2009 年 9 月 10 日举办了专题技术培训班，并于 9 月 20 日在五大连池风景区龙泉村进行了第一次外业的试点工作。

第三步，全面调查。各方面准备工作基本就绪，2009 年 9 月 25 日，第一次外业调查工作全面开展。调查组以 1：100 000 的土壤图为工作底图，确定了被调查的具体地块及所属农户的基本情况，完成了采样点基本情况、肥料使用情况、农药、种子使用情况和机械投入及产出情况 4 个基础表格的填写，同时填写了乡（镇）、村、屯、户为单位的调查点登记表。

第一次外业调查工作于 2009 年 10 月底陆续结束。

第四步，审核调查。在第一次外业——入户调查任务完成后，对各组填报的各种表格及调查登记表进行了统一汇总，并逐一作了审核。

（3）第二次外业调查阶段，分三步进行。

第一步，制订方案。在第一次外业调查的基础上，进一步完善了第二次外业调查的工作方案，并制作采集土样登记表。

第二步，调查和采样。

调查：第二次外业调查从 10 月 2 日开始到 10 月底全部结束。第二次外业调查的主要任务是：补充调查所增加的点位，对所有确定为调查点位的地块采集耕层样本。按《规程》的要求，兼顾点位的均匀性及各土壤类型，采集了容重样本。

采样：对所有被确定为调查点位的地块，依据田块的具体位置，用 GPS 卫星定位系统进行定位，记录准确的经、纬度。面积较大地块采用"X"法或棋盘法，面积较小地块采用"S"法，均匀并随机采集 15 个采样点，充分混合用"四分法"留取 1.0 千克。每袋土样填写两张标签，内外各具。标签主要内容包括该样本野外编号、土壤类型、采样深度、采样地点、采样时间和采样人等。

第三步，汇总整理。第二次外业调查截至 10 月 30 日全部结束。对采集的样本逐一进行检查和对照，并对调查表格进行认真核对，无差错后统一汇总总结。

（4）化验分析阶段。本次耕地地力调查共化验了 705 个土壤样本，测定了有机质、pH、全氮、全磷、全钾、碱解氮、有效磷、速效钾以及微量元素铜、铁、锰、锌含量共12 个项目。对外业调查资料和化验结果进行了系统的统计和分析。

二、调查方法

本次调查工作采取的方法是内业调查与外业调查相结合的方法。内业调查主要包括图件资料和文字资料的收集；外业调查包括耕地的土壤调查、环境调查和农业生产情况的调查。

1. 内业调查

（1）基础资料准备。基础资料包括图件资料、文件资料和数字资料 3 种。

图件资料：主要包括 1984 年第二次土壤普查编绘的 1：100 000 的《五大连池土壤图》、国土资源详查时编绘的 1：100 000 的五大连池土地利用现状图、1：100 000 的基本农田保护区划图和 1：100 000 的五大连池各村屯土壤分布图。

数字资料：主要采用五大连池风景区统计局最新的统计数据资料。五大连池风景区耕地总面积采用国土资源局确认的面积为 26 775 公顷，其中，旱田 26760 公顷、水田 15 公顷。

文件资料：包括第二次土地壤普查编写的《德都县土壤志》《黑龙江土种志》《五大连池风景区土地利用现状调查统计资料》《五大连池市气候区划报告》《五大连池区志》等。

（2）参考资料准备。参考资料包括五大连池风景区农田水利建设资料、五大连池风景区农机具统计资料、五大连池风景区城乡建设总体规划、五大连池风景区交通图、五大连池风景区畜牧业发展规划资料、风景区林业发展规划资料等。

（3）补充调查资料准备。对上述资料记载不够详尽或因时间推移利用现状发生变化的资料进行了专项的补充调查。主要包括：近年来农业技术推广概况，如良种推广、科技施肥技术的推广、病虫鼠害防治等；农业机械，特别是耕作机械的种类、数量和应用效果等。

2. 外业调查 外业调查包括土壤调查、环境调查和农户生产情况调查。

（1）布点。布点是调查工作的重要一环。正确的布点能保证获取信息的典型性和代表性；能提高耕地地力质量评价成果的准确性和可靠性；能提高工作效率，节省人力和资金。

① 布点原则。代表性：首先，布点要考虑到全区耕地的典型土壤类型和土地利用类型；其次，耕地地力调查布点要与土壤环境调查布点相结合。

典型性：样本的采集必须能够正确地反映样点的土壤肥力变化和土地利用方式的变化。采样点布设在利用方式相对稳定、可避免各种非正常因素干扰的地块。

比较性：尽可能在第二次土壤普查的采样点上布点，以反映第二次土壤普查以来五大连池风景区的耕地地力和土壤质量的变化。

均匀性：同一土类、同一土壤利用类型在不同区域内应保证点位的均匀性。

② 布点方法。大田调查点数的确定和布点。按照旱田平均每个点代表 23 公顷的要求，全区耕地总面积为 26 775 公顷。在确定布点数量时，以这个原则为控制基数。在布点过程中，充分考虑了各土壤类型所占耕地总面积的比例、耕地类型以及点位的均匀性等。然后，将五大连池风景区土地利用现状图和五大连池风景区行政区划图两图叠加，依据五大连池市土壤图确定调查点位。在土壤类型和耕地利用类型相同的不同区域内，在保证点位均匀的前提下，尽量将采样点布在与第二次土壤普查相同的位置上或接近的位置上。这样，全区初步确定点位 2 000 个。最后，确定耕地地力采样点点位 705 个，均为旱田。绘制调查点位图：在 1∶100 000 的重新编绘的土壤图上标注所确定的点位，采用目测转绘法勾绘到 1∶100 000 土地利用现状图上，量出每一采样点大致的经、纬度，并逐一记录造册；同样，用目测转绘法勾绘到 1∶100 000 的比例土壤图上，为外业调查时准确找到目标采样点做好准备工作。

（2）采样。大田土样在作物收获后取样。

野外采样田块确定：根据点位图，到点位所在的村庄。向农民了解本村的农业生产情况，确定具有代表性的田块，田块面积要求在 2.0 公顷以上。依据田块的准确方位修正点位图上的点位位置，并用 GPS 定位仪进行定位。

　　调查、取样：向已确定采样田块的户主，按调查表格的内容逐项进行调查填写。在该田块中，按旱田0～20厘米土层采样。采用"X"法、"S"法（图2-1）、棋盘法其中任何一种方法，均匀随机采取15个采样点。土样充分混合后，用"四分法"留取1千克。

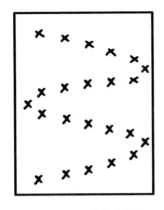

图2-1　S法布点图

每个采样点的取土深度及采样量均匀一致，具体方法详见图2-2。

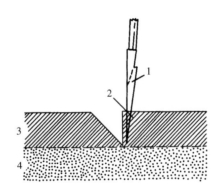

图2-2　取土方法

1. 铲子　2. 土块　3. 耕作层　4. 犁底层

　　（3）混合土样制作。一个混合土样以取土1千克左右为宜。如果一个混合样品的数量太大，可用"四分法"将多余的土壤弃去。方法是，将采集的土壤样品放在盘子里或塑料布上，弄碎、混匀，铺成四方形，画对角线将土样分成4份，把对角的两份分别合并成一份，保留一份，弃去一份。如果所得的样品依然很多，可再用四分法处理，直至所需数量为止。四分法详见图2-3。

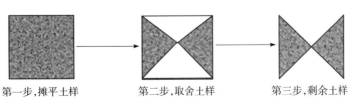

第一步,摊平土样　　　　第二步,取舍土样　　　　第三步,剩余土样

图2-3　四分法取样

第二节　样品分析及质量控制

一、物理性状

土壤容重：采用环刀法。

二、化学性状

土壤样品的分析项目包括 pH、有机质、全磷、全氮、全钾、碱解氮、有效磷、速效钾、有效铜、有效锌、有效铁和有效锰。

土壤样本分析项目及方法见表 2-1。

表 2-1　土壤样本分析项目及方法

分析项目	分析方法
pH	玻璃电极法
有机质	浓硫酸-重铬酸钾法
全氮	消解蒸馏法
碱解氮	碱解扩散法
有效磷	碳酸氢钠-钼锑抗比色法
全钾	氢氧化钠-原子吸收分光光度计法
速效钾	乙酸铵-原子吸收分光光度计法
有效铜、有效锌	火焰原子吸收分光光度法
有效铁、有效锰	DTPA 提取原子吸收光谱法
全磷	氢氧化钠-钼锑抗比色法

第三节　数据库的建立

一、属性数据库的建立

1. 测土软件　属性数据库的建立与录入独立于空间数据库。

主要属性数据表及其包括的数据内容见表 2-2。

表 2-2　主要属性数据表及其包括的数据内容

编号	名　称	内　容
1	采样点基本情况调查表	采样点基本情况、立地条件、剖面形状、土地整理、污染情况等
2	采样点农业生产情况调查表	土壤管理、肥料、农药、种子等投入情况

2. 数据的审核、录入及处理　包括基本统计量、计算方法、频数分布类型检验、异常值的判断与剔除以及所有调查数据的计算机处理等。

在数据录入前，经过仔细审核。数据审核包括：对数值型数据资料量纲的统一等；基本统计量的计算；最后进行异常值的判断与剔除、频数分布类型检验等工作。经过两次审核后进行录入。在录入过程中两人一组，采用边录入边对照的方法分组进行录入。

二、空间数据库的建立

采用图件扫描后屏幕数字化的方法建立空间数据库。图件扫描的分辨率为 300dpi，彩色图用 24 位真彩，单色图用黑白格式。数字化图件包括土地利用现状图、土壤图和行政区划图等。

数字化软件统一采用 ArcView GIS，坐标系为 1954 北京坐标系，比例尺为 1∶100 000。评价单元图件的叠加、调查点点位图的生成、评价单元插值均使用 ArcInfo 及 ArcView GIS 软件，文件保存格式为 .shp、.arc。采用矢量化方法，主要图层配置见表2-3。

表 2-3　扫描图件的主要图层配置

序号	图层名称	图层属性	连接属性表
1	面状水系	多边形	面状河流属性表
2	线状水系	线层	面状河流属性表
3	土地利用现状图	多边形	土地利用现状属性数据
4	行政区划图	线层	行政区划代码表
5	土壤图	多边形	土种属性数据表
6	土壤采样点位图	点层	土壤样品分析化验结果数据

三、资料汇总

完成大田采样点基本情况调查表。采样点农户调查表等野外调查表经整理与录入后，对数据资料进行分类汇总与编码。大田采样点与土壤化验样点，采用相同的统一编码作为关键字段。

四、图件编制

1. 耕地地力评价单元图斑的生成　耕地地力评价单元图斑是在矢量化土壤图、土地利用现状图、基本农田保护区图的基础上，在 ArcView 中利用矢量图的叠加分析功能，将以上 3 个图件叠加。对叠加后生成的图斑，当面积小于最小上图面积 0.04 平方厘米时，按照土地利用方式相同、土壤类型相近的原则将破碎图斑与相临图斑进行合并，生成评价单元图斑。

2. 采样点位图的生成 采样点位的坐标用 GPS 进行野外采集，在 ArcInfo 中将采集的点位坐标转换成与矢量图一致的 1954 北京坐标系。将转换后的点位图转换成可以与 ArcView 进行交换的 .shp 格式。

3. 专题图的编制 利用 ArcInfo 将采样点位图在 ArcMap 中利用地理统计分析子模块中采用克立格插值法进行采样点数据的插值。生成土壤专题图件，包括 pH、全氮、全磷、全钾、有效磷、速效钾、有机质、碱解氮、微量元素铜、铁、锰、锌等专题图。

4. 耕地地力等级图的编制 首先利用 ArcMap 的空间分析子模块的区域统计方法，将生成的专题图件与评价单元图挂接。在耕地资源管理信息系统中，根据专家打分、层次分析模型与隶属函数模型进行耕地生产潜力评价，从而生成耕地地力等级图。

第三章 耕地立地条件与农田基础设施

耕地的立地条件是指与耕地地力直接相关的地形、地貌及成土母质等特征。它是构成耕地基础地力的主要因素，是耕地自然地力的重要指标。农田基础设施是人们为了改变耕地立地条件等所采取的人为措施活动。它是耕地的非自然地力因素，与当地的社会状况和经济状况等有关，主要包括农田的排水条件和水土保持工程等。这次耕地地力评价工作，将耕地的立地条件和农田的基础设施作为两项重要指标。

第一节 立地条件状况

一、地形地貌

地形在土壤形成中所起的作用，突出表现在两个方面：一是引起地表物质（如母质、矿质元素）的再分配；二是造成接受太阳辐射能的差异，引起地表水分的重新分配。地形是影响土壤和自然环境之间物质和能量交换的一个重要条件。

五大连池景区属火山台地区有14座火山分布，包括五大连池镇、良种场及焦得布林场的火山锥、石龙分布区。地形平坦开阔，五大连池呈新月状环抱其中。火山锥体在本区内星罗棋布，锥体陡峭，山锥坡脚一般都在30°以上。海拔大多在480～580米。南格拉球山海拔最高，为602.6米；药泉山海拔最低，为357.7米。锥体的相对高度为70～140米。最高者老黑山166米。新近喷发的老黑山和火烧山，周围有大面积的石龙熔岩覆盖地面。

二、成土母质

母质是土壤形成的物质基础。在气候和生活因素的作用下，经过漫长的岁月，母质的表层才逐渐转变成为土壤。母质既是形成土壤的基础材料，又是矿质养料的最初来源。因此，母质性质的不同，对于土壤的形成速度、形成方向和土壤属性，有着极其重要的影响。

首先，母质的机械组成直接影响到土壤的机械组成，母质的颗粒粗并且抗风化的能力强，所形成的土壤质地也粗。质地不同，必然会影响到土壤中物质的存在状态、物质的转化和物质的迁移状况，影响到土、肥、气、热的矛盾统一关系，从而对土壤的发育产生深刻的影响。

其次，组成母质的化学成分不同，对土壤的形成、性质、肥力等属性也有着极其显著的影响。

五大连池风景区主要的成土母质有：

1. 黄土状沉积物 主要分布在五大连池风景区的西部和西部的丘陵漫岗地带。其厚度由几米至几十米甚至数百米不等，颜色为黄色、棕黄色。质地均一，黏重。物理性沙粒含量为 28%～40%，物理性黏粒含量为 60%～72%。多为重壤土、轻黏土，较紧密，呈微酸性至中性反应，pH6～7。黄土状沉积物是本区黑土的主要成土母质。

2. 沙砾沉积物　分布在五大连池风景区的北部和东北部的丘陵岗地。为光滑的沙砾、卵石，表面为棕色、暗棕色的黏膜包被，0.5～1 米以下的颜色较浅。在这类母质上发育成沙砾底暗棕壤。

3. 冲积-洪积物　主要分布在五大连池风景区的东部山前台地。质地黏重，物理性黏粒含量 60%以上。多为重壤土、轻黏土，呈微酸性，pH 为 6.0～6.5。颜色为黄棕色及黄褐色，明显的核状结构，结构体表面有暗褐色的胶膜包被。在山下部地势较低的地方，由于受地下水的影响，草甸化过程得以发展，发育成为草甸暗棕壤；在较为平缓的山地，则发育为壤质底暗棕壤。

4. 近代冲击物　分布在石龙河两岸及 5 个池子漫滩及支流沟谷处，为沙砾卵石、砂土、黏土等河湖冲积沉积物。近代冲击物是沼泽土、草甸土的主要成土母质。

5. 基性火山岩　分布在五大连池火山台地。这类母岩呈微碱性或中性，富含盐基。距河床越近，冲积物的质地越粗，多为沙砾卵石；距河床越远，质地则越发细腻，为细沙、轻质土。一般来说，距河床由近到远，沉积物则由粗变细发生有规律的变化，与河流呈平行的带状分布。由于河水泛滥的影响，沉积物的地方沙、黏相间，层次分明，有的沙黏混合，对土壤的发育及性质都有很大影响。土壤是在四大自然成土因素——地形、母质、气候、时间的综合作用影响下发育形成的。自然土壤一旦被开垦利用，再加入人为因素的影响，其属性及肥力更将发生巨大的变化。

三、生　　物

土壤形成的生物因素，包括植物、动物和土壤微生物。生物是影响土壤发生、发展最为活跃的因素之一。母质只有在生物的作用下才具有肥力，从而形成土壤。

植物，特别是高等绿色植物，它把分散在母质中、水中、大气中的营养元素有选择地吸收起来，集中在地表，参与土壤的形成过程。在不同植物群落—植被覆盖的影响下，形成的土壤类型是不同的；反过来，不同的土壤类型又影响到植物的生长，形成不同的植被群落。

在东北植物分布区中，五大连池风景区处于长白山植物分布区的北部、大兴安岭植物分布区的南部，西邻蒙古植物分布区。该区幅员广阔，地形复杂多变，自然植物种类繁多。主要植被类型有森林、森林草甸、草甸和沼泽植物等。

森林主要的乔木树种有蒙古柞、白桦、黑桦、水冬瓜、白杨、紫椴、枫桦、春榆、水曲柳、色木、山槐、红松、落叶松、红皮云杉和冷杉等，在本区均有分布。林下植物有榛柴、胡枝子、羊胡、薹草、蕨菜和百合等。其中，区内有国家珍稀濒危物种 47 种。例如，国家一级保护植物有东北石竹、盾叶瓦松和岳桦等；二级保护植物有红松、红皮云杉、柞栎、芍药、山槐、水曲柳、野大豆和核桃楸等。

在森林植被下，森林凋落物是土壤发育的能量来源，也是有机质的主要来源。据调查，针阔叶混交林下的凋落物重量达 10.44 吨/公顷，凋落物的纯灰分含量高达 15.32%，在微生物的作用下，进行腐殖质的分解与合成积累。由于森林凋落物形成的腐殖质，其盐基饱和度较高，土壤发生弱酸性淋溶，成为暗棕壤形成的重要条件之一。山上部森林茂密处，发育成为典型的暗棕壤；森林边缘，林木易遭到破坏，生长稀疏，林下因都柿、沼柳、灌丛草甸侵入而形成森林草甸，排水不良，草甸化过程加入，形成草甸暗棕壤。

药用植物资源有中药类（北五味子、刺五加、龙胆）、草药类（轮叶党参、三颗针、委陵菜）、兽药类（苦参、白头翁、沙参）、农药类（东北天南星、接骨木、菖蒲）、化学药品用药类（青蒿、铃兰、山慈姑）等 290 余种。

本区漫川漫岗地，自然植被为森林草甸草原。林木有柞树、杨树、榆树、柳树、榛柴等，但主要是草甸草原植物。有蒿子、黄花菜、报春花、落豆秧、马兰、狼尾草、小叶樟、地榆、问荆等数十种豆科及禾本科杂类草，种类繁多，生长茂盛，并且没有较明显的优势种，开花季节色彩绚烂，通常称"五花草塘"。草甸草原植物的根系非常发达，分布深、范围广，生物产量很高，循环量大，在土壤中累积了大量的有机质，为腐殖化过程创造了有利条件；植物强大根系的挤压与切割作用以及土壤冻融、干湿交替作用，使土壤形成了良好的团粒结构，对黑土的形成起着重要作用，表现出黑土所具有的特点。

河谷两岸的低平地上，薹草、大叶樟、小叶樟、野稗、三棱草、黄瓜香、羊蹄叶、柳毛子等多种草甸植物和部分沼泽植物，生长极为繁茂，根系密集，发育成自然肥力很高的草甸土。

在河谷洼地，植物有塔头薹草、小叶樟、三棱草、空心柳等，泡沼及其边缘地带有蒲草、浮萍、菱角、臭蒲、芦苇、水葱等大量的沼泽植物。由于土壤经常处于积水状态，有机质分解差，一代代死亡的植物便在土壤中大量积累，土壤发生沼泽化、泥炭化过程，形成沼泽土和泥炭土。

不同的植物群落对土壤养分特点有很大的影响。木本植物群落下——森林土壤的腐殖质层薄，并自表层以下急剧减少；而草甸草原植被群落下土壤剖面的养分，则是自表层向下逐渐减少。

土壤微生物是土壤物质转化的主要参与者。土壤中动物、植物残体的分解，腐殖质的合成与分解，各种难溶性矿质养分转化为可溶性状态等，都是在微生物的作用下才能完成的。如果没有微生物的作用，土壤的生物循环便不能进行，母质也就不能具有肥力。所以，在一定的意义上说，没有土壤微生物，母质是不能发育成为土壤的。

四、成土过程

岩石风化或成土过程的原始阶段，是在低等植物和微生物参与下进行的。菌类和藻类共生植物生长在裸露的岩石表面，随着时间的推移，岩石慢慢被蚀变，产生原始土壤物质。这类土壤风化度低，细土稀少，土层薄，生物过程和淋溶过程较弱，这个过程就是土壤的原始成土过程。

1. 生草过程 在近代生成的残积、冲积风化母质上，生长着矮小稀疏的草类，慢慢形成厚度不足 20 厘米的土层。由于成土时间短，黑土层薄（10～15 厘米），淋溶和淀积作用弱，剖面层次分化不明显，这个过程为生草过程。这样的土壤为生草土类，主要分布在江河两岸低阶地的草甸土区。

2. 棕壤化过程 枯枝落叶经嫌气性细菌分解，通过腐殖质的矿化作用，使部分有机质分解，土层呈棕黄色，淋溶过程强，使二价盐基向下淋溶，三价铁铝很少移动、积聚上层而下层黏重，被称为棕壤化过程。例如，暗棕壤主要分布在五大连池风景区的北部山区的山地暗棕壤区。

3. 腐殖质化过程　黑土的形成不受地下水影响，主要是受大气降水影响。大量繁茂杂草类（五花草塘）萌生和秋冬冻死后，在微生物的作用下，使植物残体变腐殖质，年复一年积累腐殖质，从而使具有肥力的土壤形成。主要分布在中部平原、波状起伏地带、哈罗公路的两侧。属于黑土区。

4. 草甸化过程　发生在平地的土壤水分较大，干湿交替，受地下水影响，土壤呈明显的潴育过程和有机质积累过程。由于氧化还原往复出现，湿时使三价氧化物还原成二价，干时二价氧化物又氧化成三价，使铁锰氧化物移动和淀积，剖面出现锈纹、锈斑和铁锰结核。生长喜湿性植物有大叶樟、小叶樟等，在其形成草甸的过程，受地下水影响和降水影响较大。土体过湿，喜湿植物残体得不到充分分解，地表的草根和泥炭层在干燥状态下时间较短。这种经常干湿交替，使草甸化发展形成氧化还原过程，形成大量铁锰结核，大量腐殖质积累，是草甸化的重要特征。主要分布在松花江冲积低平原沿江河两岸、低河漫滩阶地草甸土区。

5. 泥炭化过程　繁茂的沼泽植物残体不能充分分解而积累起来，有不同分解程度的泥炭层。主要分布在江河、沟谷、河岸、蝶形洼地的泥炭土、沼泽土区。

6. 潜育化过程　长期积水、矿物质中的铁锰还原后变灰蓝色层次。主要分布在沿江、沿河较远的河谷阶地，以及地下水较丰富的草甸土区。

土壤分布并无完整的规律性，而且非常复杂。即有地带性土壤又有非地带性土壤，既有垂直分布又有水平分布和复区分布。即使是一块地中的土壤，也有很大的差别。所谓一步三换土，就是说明土壤的变化复杂性。土壤的形成因素与地形、生物、气候、母质、地区年龄有着密切的关系。其中，有一个因素发生变化，土壤就有不同的变化。所以，自然界的土壤是千变万化的。但是，它们内部有着特定的规律性。俄国土壤学家威廉斯说："生物是自然成土因素中的主要因素，植物群落和微生物是不断更替，决定着土壤种类的更替和土壤肥力的发展。"道库恰耶夫认为："土壤是独立的历史自然体，有它自己的发展过程。土壤及肥力的形成和发展，是母质、气候、生物、地形和时间 5 个自然因素相互作用的结果，土壤随着自然因素的变化有着规律性的地带性分布。"这两位土壤学家揭示了自然土壤的形成演变和地理分布的规律性，为农业生产提供了一些基本资料。可以作为制定生产措施的依据之一，但是，这个学派为自然土壤作了肯定的分析，得出了正确的结论，但是忽略了对耕作土壤的研究和人类生产活动对土壤的作用的研究。所以，五大连池风景区土壤受人为生产活动的影响，使土壤发生不同程度的变化。

第二节　农田基础设施

五大连池风景区的农田基础设施建设虽然取得了显著的成绩，但同农业生产发展相比，农田基础设施还比较薄弱，抵御各种自然灾害的能力还不强。五大连池风景区的旱田不具备灌溉条件，大部分还是靠降水。春旱发生年份，菜田可以做到喷灌，其他的旱田要常受旱灾的危害，影响了农作物产量的提高。目前，五大连池风景区水田、菜田正在发展节水灌溉，引进先进设施，推广先进节水技术；旱田实行水浇，特别是逐步引进大型的农田机械，推行深松节水、旱作节水技术。农田基础设施建设是五大连池风景区今后农业中必须解决的重大问题。

第三节　耕地土壤的概述

一、土壤分布

五大连池风景区内的土壤，根据海拔高度和地貌类型的不同，可分为竖直分布和水平分布2种方式。

1. 竖直分布　土壤的竖直分布与海拔高度的关系极为密切。在小兴安岭山区，从洛河山峰至科洛河谷，随着海拔高度的节节下降，土壤的分布顺序是：海拔335～375米为沙底暗棕壤，海拔295～335米为草甸暗棕壤，海拔290～295米为沼泽土及草甸土，海拔255～290米为草甸黑土，海拔250～255米为草甸土及沼泽土。

2. 水平分布　土壤的水平分布是与地貌类型密切相关的。东部、低山峡谷区，主要分布着草甸暗棕壤及沼泽土；东北部低山宽谷丘陵区，主要为草甸暗棕壤，其次是沼泽土，再次为草甸土；北部波状平原漫岗区，80%以上是黑土；黑土是全区主要的农业生产土种，丘陵下部是草甸暗棕壤，漫岗地带为黑土。土壤泛滥、流失沉积为沼泽土和草甸土。北部、东部为火山台地区，火山锥上分布着腐殖质火山砾质土，石龙熔岩为生草火山石质土，火山锥之间平缓地带为黑土及壤质底暗棕壤。沟谷水系呈树枝状伸展于各区当中，分布着半水成型、水成型的草甸土、沼泽土。

五大连池风景区暗棕壤分布范围极为广泛。分布地域广大，主要在地势高拔、森林茂密，暗棕壤面积达34 915.58公顷，占本区面积的32.93%。

黑土是五大连池风景区土壤面积最大的土种。主要分布在青泉、龙泉、邻泉、良种场周围，面积达47 472.74公顷，占本区面积的44.78%。其次，2个农场和3个部队也有零星分布，数量较小。

草甸土主要分布在漫岗下部平缓地、山间河谷水线两侧及沿河低阶地上，呈狭窄的带状穿插在各种地带性土壤之中。全区各地的丘陵漫岗区、波状平原区、河谷泛滥地区，面积为1 571.64公顷，占本区面积的1.48%。

沼泽土主要分布在山间沟谷洼地、丘陵漫岗沟谷洼地，以及石龙河两岸漫滩中的古河道洼地上。面积为5 241.02公顷，占本区面积的4.94%。

石质土分布在五大连池火山群的火山锥和周围的火山台地及火山熔岩所形成的石龙上，面积为16 799.02公顷，占本区面积的15.85%。

二、土壤分类

1. 分类原则和依据　为了因地制宜地利用改良、培肥土壤，应有系统地把本区土壤进行归纳和分类。分类的目的，不仅要科学地反映出土壤在发生学和地理分布上的规律，同时要揭示出土壤的生产性能、利用方式、改良措施和各种土壤的属性。

五大连池风景区土壤分类是以《黑龙江省土壤分类暂行草案》和土壤特征特性为依据，划分出土类、亚类、土属和土种。采取连续命名法，按照气候地形、生物、时间和植被等诸条件的相似性分为土类；在土类中，按照地貌、地形、地理条件的差异划分为亚类；在亚类中，根据各种土壤成土母质的成因、质地、地形和植被等条件的不同划分为土属；在土属中，根据各种土壤腐殖层厚度及特征、特性在量上的差异划分为土种。

本区土壤分类的原则是以土壤发生学的观点作为基本的分类原则。自然形成的土壤用这种观点来分类是理所当然的。但是，有些自然土壤在人们的生产活动条件下发生了变化，特征特性与自然土壤有所差异，这种土壤可称为农业土壤。用发生学的观点分类有一定的人为因素，所以把这类土壤也归到自然土壤统一进行分类。剖面形态特征、土壤属性、肥力特性、特征、综合因素结合成土三大因素。以土壤的主要成土条件，成土过程来研究土壤的分类。

确定土壤的高级分类单元，以主要成土条件、成土过程为重点。同时，注意土壤的属性。确定低级分类单元土种时，以土壤的属性为主要依据。在确定亚类的单元时，必须在土壤的基础上看是否有次要的附加成土过程。在土类中划分出不同的亚类、土属，主要根据母质质地、母质成因、小地形和植被等地方性因素及发育程度。

（1）土类。土类是土壤的高级分类单元，是在土壤发育过程中以一个主导因素为主、同时附加几个次要因素且同时作用于成土过程所形成的一类土壤。它们的成土条件是相同的，如生物、气候、地形、地貌、水文、植被及人为活动和时间等环境条件的一致性。一个土类有其独特的成土过程和剖面特征，有相似的发生层次。因为土壤属性相同，改良利用方式基本一致。不同的土类存在着本质的区别，如火山台地、岗地、暗棕壤土体呈暗棕色，山地、丘陵地、森林植被为针阔混交林。

五大连池风景区土体构型各层的符号如下：

A_{00}：枯枝落叶层，A_0：半分解腐殖质层，A_p：耕作层，A_1：腐殖质层，AW：白浆层，AB：过渡层，B_1：第一淀积层，B_2：第二淀积层，BC：过渡层，C_1：母质层，C_2：母质层，G：潜育层，A_t：泥炭层，A_b：覆盖层。

（2）亚类。亚类是土类的进一步划分，它反映出同一土类不同发育阶段或不同土类之间的相互过渡。在某一种主导成土过程中又附加一个或几个次要成土过程。亚类之间是量的差异，而没有质的差异，但主要属性基本相同。例如，白浆化黑土、典型黑土、草甸黑土属于黑土类中的3个亚类，其土体构造、剖面特征、主要成土过程都为腐殖质积累和淋溶过程。前者附加白浆化过程，后者附加草甸化过程，而中者为淋溶过程。

（3）土属。土属是具有承上启下的分类单元，是由亚类派支而来，也是土种的归纳。土属充分反映了区域性因素具体影响下的土壤变化。属间变化较亚类小，同属间性状更趋一致。例如，按地形分为河谷沼泽土、河岸沼泽土和蝶形洼地沼泽土，按母质分为黏底黑土、沙底黑土。同一土属中成土因素和成土过程相同，但母质不同，分布部位肥力状况和改良利用不同。

（4）土种。土种是土壤分类中的最基本单元，是本区绘制土壤图的上图单元。划分土种主要是按土体构造发生学的层次、耕作层次和质地层次排列。主要是按腐殖质层的厚度来划分的。

暗棕壤土种：

　　A层小于10厘米为薄层；

　　A层10～20厘米为中层；

　　A层大于20厘米为厚层。

黑土类土种：

　　A层小于10厘米为破皮黄；

　　A层10～30厘米为薄层；

　　A层30～50厘米为中层；

　　A层大于50厘米为厚层。

草甸土类土种：

　　A层小于25厘米为薄层；

　　A层25～40厘米为中层；

　　A层大于40厘米为厚层。

沼泽土类土种：

　　A层10～30厘米为薄层；

　　A层大于30厘米为厚层。

泥炭沼泽土类（按泥炭层厚度划分）：

　　A_t层小于25厘米为薄层；

　　A_t层25～50厘米为中层；

2. 土壤命名法　土壤命名是为了运用方便，体现出科学性、系统性、群众性和生产性，并使其有机结合，从而既科学又系统、形象具体。采取连续命名法，把土类、亚类、土属、土种系统地体现出来。排列方式是土属-土种-亚类-土类，如平地薄层草甸化白浆土等。

3. 土壤分类系统　根据上述分类原则和依据，把本区的5个土类、8亚类、9个土属、10个土种分系统用表格形式表示出来，见表3-1。

表3-1 五大连池风景区土壤分类明细表

土类	亚类	土属	土种	划分依据	成土过程	土体构型
暗棕壤	暗棕壤	泥质暗棕壤	泥质暗棕壤	A<30厘米	腐殖质化、淋溶、淀积过程	A_{11}、B、C
		泥沙质暗棕壤	泥沙质暗棕壤	A<25厘米		
	草甸暗棕壤	黄土质草甸暗棕壤	黄土质草甸暗棕壤	A<30厘米		
黑土	黑土	黄土质黑土	薄层黄土质黑土	A>50厘米	腐殖质化和潴育淋溶过程	A_{11}、A_h、C
	草甸黑土	黄土质草甸黑土	中层黄土质草甸黑土	A 为10～30厘米		
草甸土	草甸土	黏质草甸土	中层黏质草甸土	A_1 为25～40厘米	腐殖质积累过程、草甸化过程、潜育化过程	A_{11}、A_h、C
			薄层黏质草甸土	A_1<25厘米		

（续）

土类	亚类	土属	土种	划分依据	成土过程	土体构型
沼泽土	草甸沼泽土	泥炭腐殖质沼泽土	薄层黏质草甸沼泽土	$A_1 < 30$ 厘米	母质的淤积过程和腐殖质积累过程	A-C
	泥炭沼泽土	泥炭沼泽土	薄层泥炭腐殖质沼泽土	A_1 为 30~50 厘米		A_2-C
新积土	生草火山石质土	砾质冲积土	薄层砾质冲积土		原始成土过程（生草过程）	A_0-C
	腐殖质火山砾质土				火山灰沉降和腐殖质积累过程	A-AC-C

（1）第二次土壤普查分类。第二次土壤普查中，五大连池风景区的土壤共分为5个土类、8个亚类、9个土属、14个土种（表3-2）。

表3-2 土壤分类表

土类	亚类	土属	土种
暗棕壤	暗棕壤	泥质暗棕壤	中层壤质暗棕壤
			薄层壤质暗棕壤
		泥沙质暗棕壤	中层沙质底暗棕壤
	草甸暗棕壤	黄土质草甸暗棕壤	厚层草甸暗棕壤
			中层草甸暗棕壤
			薄层草甸暗棕壤
黑土	黑土	黄土质黑土	薄层黑土
	草甸黑土	黄土质草甸黑土	中层草甸黑土
草甸土	草甸土	黏质草甸土	薄层黏质草甸土
			中层黏质草甸土
沼泽土	草甸沼泽土	黏质草甸沼泽土	沟谷草甸沼泽土
	泥炭沼泽土	泥炭腐殖质沼泽土	泥炭质沼泽土
新积土	冲积土	砾质冲积土	生草火山石质土
			腐殖质火山砾质土

表3-3 五大连池风景区土壤面积分布情况统计

土类	亚类	土属	土种	面积（公顷）
暗棕壤 (34 915.58)	暗棕壤 (10 758.57)		薄层壤质底暗棕壤	2 801.09
			中层沙底暗棕壤	377.43
			中层壤质底暗棕壤	2 650.41
			其中草地	1 353.2

（续）

土类	亚类	土属	土种	面积（公顷）
暗棕壤 （34 915.58）	草甸暗棕壤 （24 157.01）	黄土质草甸 暗棕壤	厚层草甸暗棕壤	13 665.36
			中层草甸暗棕壤	9 081.21
			薄层草甸暗棕壤	1 261.37
			其中林地	5 305.46
黑土 （47 472.74）	草甸黑土	黄土质草甸黑土	中层草甸黑土	1 024.72
			薄层黑土	46 448.02
	黑土	黄土质黑土	其中林地	9 335.05
草甸土 （1 571.64）	草甸土	薄层黏质草甸土	其中草地	1 349.17
				222.47
		中层黏质草甸土		320.73
沼泽土 （5 241.02）	草甸沼泽土	沟谷草甸沼泽土		5 229.91
	泥炭沼泽土	泥炭沼泽土		11.11
新积土 （16 799.02）	生草火山石质土	生草火山石质土		15 467.09
		其中林地		3 102.03
	腐殖质火山砾质土	腐殖质火山砾质土		1 331.93
		其中林地		2 998.68
总面积				106 000

（2）新的土壤分类系统。本次耕地地力质评价，黑龙江全省统一了土壤分类系统，与第二次土壤普查的土壤分类系统发生了很大变化。按照新的土壤分类系统，五大连池风景区耕地土壤共分为5个土类、8个亚类、9个土属、10个土种。详见土壤分类明细表3-2、表3-3。

五大连池风景区耕地土壤新旧土类检索：按照新的土壤分类系统，五大连池风景区耕地土壤共分为5个土类（表3-4）。

表3-4　五大连池风景区新旧土类对比

旧土类	新土类
暗棕壤	暗棕壤
黑土	黑土
草甸土	草甸土
沼泽土	沼泽土
石质土	新积土

五大连池风景区耕地土壤新旧亚类检索：原9个亚类合并为8个亚类，名称为暗棕壤、草甸暗棕壤、黑土、草甸黑土、草甸土、草甸沼泽土、泥炭沼泽土和冲积土（表3-5）。

表 3-5　五大连池风景区新旧土壤亚类对比

旧亚类	新亚类
暗棕壤	暗棕壤
草甸暗棕壤	草甸暗棕壤
黑土	黑土
草甸黑土	草甸黑土
草甸土	草甸土
草甸沼泽土	草甸沼泽土
泥炭沼泽土	泥炭沼泽土
生草火山石质土 腐殖质火山砾质土	冲积土

五大连池风景区耕地土壤新旧土属对比：原 10 个土属合并为 9 个，名称为泥质暗棕壤、泥砂质暗棕壤、黄土质草甸暗棕壤、黄土质黑土、黄土质草甸黑土、黏质草甸土、泥炭腐殖质沼泽土、泥炭沼泽土、砾质冲积土（表 3-6）。

表 3-6　五大连池风景区耕地土壤新旧土属对比

旧土属	新土属
壤质底暗棕壤	泥质暗棕壤
沙质底暗棕壤	泥沙质暗棕壤
草甸暗棕壤	黄土质草甸暗棕壤
黑土	黄土质黑土
草甸黑土	黄土质草甸黑土
黏质草甸土	黏质草甸土
沟谷草甸沼泽土	泥炭腐殖质沼泽土
泥炭沼泽土	泥炭沼泽土
腐殖质火山砾质土 生草火山砾质土	砾质冲积土

耕地土壤新旧土种检索：与全国第二次土壤普查的土壤分类系统对比，有较大变化的是土种名称，即原 14 个土种名称全部更新为黑龙江全省统一的 10 个土种名称。见表 3-7。

表 3-7　新旧土种名称对照

新土种	旧土种
泥质暗棕壤	中层壤质暗棕壤 薄层壤质暗棕壤
泥沙质暗棕壤	中层沙质底暗棕壤
黄土质草甸暗棕壤	厚层草甸暗棕壤 中层草甸暗棕壤 薄层草甸暗棕壤

（续）

新土种	旧土种
薄层黄土质黑土	薄层黑土
中层黄土质草甸黑土	中层草甸黑土
中层黏质草甸土	中层壤质草甸土
薄层黏质草甸土	薄层黏质草甸土
薄层黏质草甸沼泽土	沟谷草甸沼泽土
薄层泥炭腐殖质沼泽土	泥炭质沼泽土
薄层砾质冲积土	腐殖质火山砾质土
	生草火山石质土

三、耕地土壤的概述

1. 暗棕壤

（1）分布。五大连池风景区暗棕壤面积为 34 915.58 公顷。其中，耕地面积为 1 234.21 公顷，占总耕地面积的 4.61%。其分布范围极为广泛，主要集中分布在东北部和东部。这一带是小兴安岭山脉及其余脉地区，地势高、森林茂密，暗棕壤面积达 34 915.58 公顷，占五大连池风景区面积的 32.94%。其中，东北部的部队、林场等丘陵地带，多分布着草甸暗棕壤及壤质底暗棕壤。龙泉、邻泉有零星分布。

本区暗棕壤分为暗棕壤和草甸暗棕壤 2 个亚类。按农业利用价值的不同，各亚类划分到不同的分类单元。暗棕壤两个亚类的面积及分布情况见表 3-8。

表 3-8　暗棕壤两个亚类的面积统计表

亚类	暗棕壤				黄土质草甸暗棕壤			
土属	泥质暗棕壤		泥沙质底暗棕壤		草甸暗棕壤			
土种	中层壤质底暗棕壤	薄层壤质底暗棕壤	中层沙质底暗棕壤	合计	中层草甸暗棕壤	薄层草甸暗棕壤	厚层草甸暗棕壤	合计
面积（公顷）	9 363.64	981.37	113.56	10 758.57	13 597.47	146.89	10 412.65	24 157.01

（2）评价。

①暗棕壤。本土的典型亚类，为茂密的森林或次生长林所覆盖。所处地势高，海拔为 400～550 米；坡度大，一般为 10°～30°。母质为火成岩及沙砾质沉积物，质地松散，排水良好。暗棕壤化过程甚为强烈，表现为剖面分化明显，B 层有明显的黏化与铁质淀积现象，呈棕色或红棕色。根据母质的不同，暗棕壤可分为泥质暗棕壤和泥沙质暗棕壤 2 个土属。

泥质暗棕壤：面积为 10 645.01 公顷，占亚类面积的 98.94%。其中，耕地面积 52.8 公顷，占区属面积的 0.2%。泥质暗棕壤分为薄层壤质暗棕壤和中层壤质暗棕壤 2 个土种，面积分别为 981.37 公顷和 9 663.64 公顷。

泥质暗棕壤分布于坡度缓于沙砾暗棕壤的低山平缓地，以五大连池农场面积为多；植被与沙砾质暗棕壤基本相同；母质为暗棕色至黄棕色的壤质土，一般不含有沙砾。剖面形态特征如下：

A_0 层：0～7 厘米，暗灰色，粒状结构，中壤土，植物根系较多。

A 层：7～23 厘米，棕灰色，粒状结构，中壤土，层次过渡明显。

B 层：23～40 厘米，黄棕色，核状结构，质地为重壤土，层次过渡不明显。

C 层：40～80 厘米，棕黄色，核状结构，重壤土，植物根系极少。

泥沙质暗棕壤（$1\frac{1}{3}$）：面积为 113.56 公顷，占亚类面积的 1.1%。其中，耕地面积 1.37 公顷，占区属面积的 0.05%。主要分布在国有农场和林场，面积较小。植被主要为次生柞木林，母质为颗粒大小均一、直径约为 1 毫米的沙质沉积物。该土属只有中层沙质底暗棕壤 1 个土种。剖面形态特征如下：

A_p 层：0～16 厘米，棕灰色，粒状结构，中壤土，层次过渡明显，植物根系很多。

AB 层：16～30 厘米，浅黄白色，轻壤土，层次过渡明显。

B 层：30～95 厘米，浅棕色，中壤土，大多为细沙。

C 层：95～150 厘米，黄白色，为细河沙。

泥沙质暗棕壤有机质主要来源于森林的凋落物。这些凋落物腐烂分解，使土壤表层形成一个有机质含量很高（一般 100～200 克/千克）的腐殖质层。但腐殖质层很薄，仅 10～20 厘米。亚表层有机质含量锐减，一般只含 20～30 克/千克；有些不到 10 克/千克；其他养分表层也是急剧下降（表 3-9）。

沙质底暗棕壤发育在沙砾质沉积物上，土壤的物理性沙粒含量较高、质地较粗。表层有机质含量高，因而容重小，一般为 0.92～1.00 克/平方厘米，总孔隙度在 60% 左右；下层沙砾容重很大，40～50 厘米处容重达 140 克/平方厘米（表 3-10）。

②草甸暗棕壤（1^3）。暗棕壤向草甸土过渡的中间类型，分布于丘陵上部较平缓处。草甸暗棕壤质地黏重，透水性差，植被为疏林灌丛草甸，林木以柞、桦为主，林下灌木有榛柴、胡枝子等。由于地处山地的边缘，森林易遭破坏，现已生长稀疏，草本植物随之侵入。这样，土壤有机质的主要来源不是森林凋落物，而是大量生长繁茂的草本植物残体及根系。因而腐殖质层较厚，一般可达 20～30 厘米。黏化与棕壤化过程均被腐殖质掩盖，整个剖面颜色较暗，土壤肥力水平较高，既是林业土壤，又可作为农业用地。本亚类面积为 24 157.01 公顷，占总土壤面积的 22.79%。耕地面积 401.37 公顷，占区属面积的 1.51%。草甸暗棕壤是暗棕壤土类中农用价值最高的一个亚类。草甸暗棕壤只有黏底草甸暗棕壤一个土属，又续分为薄层草甸暗棕壤、中层草甸暗棕壤和厚层草甸暗棕壤 3 个土种，面积分别为 146.89 公顷、13 597.47 公顷和 10 412.65 公顷。该亚类的典型剖面形态特征如下：

A_0 层：0～15 厘米，暗灰色，粒状，轻壤土，植物根系很多，层次过渡明显。

A 层：15～45 厘米，黑灰色，粒状结构，重壤土，植物根系较多，向下水平过渡明显。

B 层：45～100 厘米，灰棕色，核状结构，轻黏土，有锈纹，层次过渡不明显，根系较少，有褐色胶膜。

BC层：100～130厘米，浅黄色，核块状结构，轻黏土，层次过渡不明显。

C层：130～150厘米，黄棕色，核状结构，轻黏土，紧实。

草甸暗棕壤的地势较典型暗棕壤平缓，大量草本植物侵入，在暗棕壤化过程的同时又伴随着较强的腐殖质化过程。因此，腐殖质层深厚，各种养分自表层往下降低较为缓慢。一般20厘米左右的土层，有机质含量仍达20克/千克左右。表层有机质高达129.6克/千克。当人为开垦耕种后，养分含量大大下降。一般耕层有机质含量为60～70克/千克。草甸暗棕壤养分分析结果见表3-11。

表3-9　暗棕壤养分分析结果

剖面地点	取土深度（厘米）	有机质（克/千克）	全氮（克/千克）	全磷（克/千克）	碱解氮（毫克/千克）	有效磷（毫克/千克）	速效钾（毫克/千克）	酸碱度（pH）	土壤名称
焦得布林场场区南（8号）	0～7	129.6	5.8	1.8	317	5			中层沙质底暗棕壤
	7～17	22.1	1.2	0.6					
	17～40	7.9	0.6	0.3					
	40～55	7.3	0.0	0.0					
	55～75	4.8	0.0	0.0					

表3-10　暗棕壤物理性状

剖面地点	取样深度（厘米）	容重（克/立方厘米）	总孔隙度（％）	土壤各粒级含量（％）						物理黏粒（％）	物理沙粒（％）	质地名称	土壤名称
				1.0～0.25毫米	0.25～0.05毫米	0.05～0.01毫米	0.01～0.005毫米	0.005～0.001毫米	<0.001毫米				
龙泉村右红专业合作社麦地（60号）	0～16			0.5	48.8	17.8	8.2	8.4	16.3	32.9	67.1		中层沙质底暗棕壤
	30～40			29.8	35.9	11.8	4.2	6.4	11.9	22.5	77.5		
	60～70			16.8	42.4	7.2	4.1	4.1	24.9	33.1	66.9		
	120～130			19.0	13.8	5.4	0.9	4.3	11.9	17.1	82.9		

注：粒径大于1毫米的沙砾未计算在内，下同。

表3-11　草甸暗棕壤养分分析结果（耕地）

剖面地点	取样深度（厘米）	有机质（克/千克）	全氮（克/千克）	全磷（克/千克）	全钾（克/千克）	碱解氮（毫克/千克）	有效磷（毫克/千克）	速效钾（毫克/千克）	pH
良种场1号地	0～15	66.0	3.4	1.9	0	331	12		6.5
	15～25	40.5	2.1	1.7	0				6.4
	30～40	24.3	1.1	1.3	0				5.9
	75～85	10.1	0	0	0				6.4
	120～130	8.6	0	0	0				6.3
良种场2号地	0～11	68.9	3.6	2.2	23.8	367	16	225	6.8
	11～21	33.7	1.6	1.5	25.5			155	6.8
		15.4	0.9	0.6	0				6.5
		7.7	0	0	0				6.9

受成土母质的影响，草甸暗棕壤黏粒的含量较高，质地黏重，底土排水不良。因此，有些母质有锈斑及青灰色斑块的存在。草甸暗棕壤物理性质见表 3 - 12。

表 3 - 12　草甸暗棕壤物理性质表

| 剖面地点 | 取土深度（厘米） | 容重（克/立方厘米） | 总孔隙度（%） | 土壤各粒级含量（%） | | | | | | 物理黏粒（%） | 物理沙粒（%） | 质地名称 |
				1.0～0.25毫米	0.25～0.05毫米	0.05～0.01毫米	0.01～0.005毫米	0.005～0.001毫米	<0.001毫米			
邻泉村西长垄地（46号）	0～20	1.3	50.4	2.6	7.9	35.6	14.5	10.3	29.1	53.9	40.1	重壤土
	60～70	1.3	48.7	3.7	16.7	10.2	11.3	8.9	42.9	69.4	30.6	轻黏土
	105～115			2.9	30.3	8.5	23.6	6.3	43.1	58.3	41.7	重壤土
	140～150			17.2	5.3	15.4	23.6	5.9	32.6	62.1	37.2	轻黏土

（3）农业生产特性及其利用。从各种理化性质的总体来看，暗棕壤是一种表层自然肥力高、物理性质较好、无重大不良性状、宜作林地、并可作为多种经营所利用的一种多用途土壤。

暗棕壤：表层具有相当高的自然肥力，但所处地形陡，土层下部为沙砾、岩石块等，表现为排水通畅、热状况较好、土壤表层富含有机质、疏松多孔、有机质矿化度高、土层薄等特点。因此，养分总储量不高。自然植被一旦遭到破坏，水土极易流失，不宜开垦。本土类面积为 34 915.58 公顷，但这类土壤上的林木自然增长率甚高。以小兴安岭的杨树为例，每年平均胸径增长为 0.66～0.76 厘米，树高增长为 0.46～0.76 米，而热带雨林胸径年增长 0.298 厘米（云南西双版纳群落站资料）。可见，本区是优良的林业生产基地。

此外，这类土壤也是多种经营的良好基地。在天然林下，腐殖质层较厚的暗棕壤，其土质、水分及小气候条件适宜人参等各种药材的生长，是建立药材园的优良土质；次生林下生长着苕条等多种优质的蜜源植物，为发展养蜂业提供了优越的条件；在地势较缓生长柞木林地带，可发展养蚕业；暗棕壤还能生产多种经济价值较高的山产品，如药材、蘑菇、木耳、蕨菜等数十种。

暗棕壤：腐殖层深厚，分布在阶地下部，排水较差，植物为疏林及喜湿性的草甸杂草。土体下部质地黏重，通透性不良，底土呈青灰色。养分总储量高，表层一般为壤土，底土质黏重，土体呈微酸性反应。本土大多可开垦为农田。这类土壤开荒后，熟化很快，开荒初期可获得较高的产量。一般垦后种植小麦，产量可达 1 875～2 250 千克/公顷。但这类土壤往往后期肥力不足，发小苗不发老苗。给这类土壤上的作物追肥，效果显著。本土春季土温回升快，土温高，有机质分解快，施有机肥的效果明显好于其他土壤；反过来，如果这类耕地土壤不给予培肥，加之坡度较其他耕地坡度大，水土易流失，肥力下降的速度也比其他的土壤快。耕地中层暗棕壤，开垦 40 多年来，与林地中层草甸暗棕壤相比，表层有机质含量由 129.6 克/千克下降到 22.1 克/千克，全氮由 5.8 克/千克降至 1.2 克/千克。因此，对于这类耕地土壤要采用各种工程措施、生物措施和农业技术措施，防止水土流失，并给予培肥。对于坡度较大的耕地，要退耕还林、还草。

林场耕地，约 95% 以上是这类草甸暗棕壤。清泉三角山前的坡地、龙泉村马场地也多为这类土壤。在利用中，必须特别注意土壤的保护和培肥工作。

2. 黑土 黑土是本区主要的农业土壤，其面积为 47 472.74 公顷，占土地面积的 44.79％，居全区首位。其中，耕地 12 822.5 公顷，占总耕地面积的 47.89％，是最为优良的农业用地。

五大连池风景区黑土分为 2 个亚类：黑土、草甸黑土。黑土亚类只有黏底黑土 1 个土属，该土属又分为薄层黑土 1 个土种，面积为 46 448.02 公顷；草甸黑土亚类有 1 个土属，即黏底草甸黑土，1 个土种为中层草甸黑土，面积为 1 024.72 公顷。黑土面积及分布情况见表 3 - 13。

表 3 - 13 黑土面积及分布情况统计

单位：公顷

县级名称	黑土		
	土类合计	黑土	草甸黑土
		黑土	草甸黑土
		薄层黑土	中层草甸黑土
五大连池风景区	47 472.74	46 448.02	1 024.72

黑土地形为丘陵漫岗上部，自然植被已为各种栽培作物所代替。农田杂草的种类很多，有苣荬菜、藜（灰菜）、莞菜、苍耳（老苍子）、稗草、燕麦、蓟（刺儿菜）、蒲公英（婆婆丁）、黄蒿、扎蓬棵（猪毛菜）、飞廉（老牛错）、皱叶酸模（羊蹄叶）、落豆秧（野大豆）、问荆（节骨草）、龙葵（黑星星）等。这类土壤主要分布在风景区内多年开垦的耕地上，面积较大。黑土是耕地土壤中水、肥、气、热较协调的一个土壤类型。

（1）剖面特征。黑土的上层呈暗灰色，从上至下由暗灰色向棕黄色逐渐过渡，底土为黄棕色，俗称黑土"上有黑土帽，中有黑黄土腰，下有黄土底"，概括了本土的典型特征。按发生学观点，黑土可分为 4 个基本层次：

腐殖质层（A），也叫黑土层，暗灰色，厚度一般为 20～60 厘米，厚者可达 70～90 厘米。而漫岗坡度较大，开垦年限较久的地带，此层仅 10 厘米左右。有机质含量一般在 50～80 克/千克（耕地土壤）；粒状、团粒状结构。开垦年代较长的耕地在 20 厘米左右，有一个较坚硬致密的犁底层，其结构为鳞片状、片状结构。

过渡层（AB），也叫黑黄土层，是黑土层与淀积层之间的过渡层次。颜色较上层浅，一般为黄灰色。黑土层由于受水分下渗淋溶的影响，呈舌状在本层向下延伸。本层厚度为 20～40 厘米，粒状、核粒状结构，结构体表面有较少量的二氧化硅粉末。

淀积层（B），黄棕色、灰棕色，核状、核块状结构，黏重紧实，并有动物穴。随水分下渗淋溶的物质从溶液中析出，从而淀积在该层中。因此，有些产剖面可见二氧化硅粉末、铁锰结核及胶膜等。

母质层（C），大多为棕黄色、黄色，紧实，棱块状、核状结构。一些剖面有铁锰结核、锈纹等。

（2）基本性质。一是养分含量丰富，自表层向下逐渐减少。不像暗棕壤那样锐减，这对作物根系向土层深处伸展十分有利。其剖面养分垂直分布图像呈楔形。二是质地黏重。黑土的质地大部分为重壤土或轻黏土，一般 50 厘米以上的黑土层、过渡层为重壤土，50 厘米以下的淀积层、母质层为轻黏土、中黏土。黏壤在剖面中有分异现象，即形成棕褐色的胶膜附着结构体表面，这种现象在淀积层中尤为明显。三是黑土的容重为 0.84～1.40 克/立方厘米。荒地表层和耕地经常翻动的耕层，容重小，为 0.84～1.22 克/立方厘米；犁底层、淀积层容重大，为 1.20～1.40 克/立方厘米。总孔隙度达 50%～67%，耕层大、下层小。四是黑土耕层内团粒结构较多，保肥、供肥性能良好。五是黑土所处的漫岗水、肥、气、热四性比较协调，肥力平缓，供肥期长，对于农作物的生长发育极为有利。六是耕性比较好。因其富含有机质，结构好，土质疏松多孔，耕作较省力。但随着开荒年限的增长，耕性逐渐变坏。七是土壤呈中性至微酸性，pH 为 5.9～6.8，整个剖面无石灰反应。

（3）评价。

①黑土。黑土亚类只有黏底黑土 1 个土属，该土属又分为薄层黑土 1 个土种。薄层黑土（3_1^1-1）地形为漫岗中上部，黑土层厚度一般 18～30 厘米。在黑土类中面积最大，为 46 448.02 公顷，占土类面积的 97.84%；耕地面积 12 765.71 公顷，占区属面积的 47.68%。薄层黑土的分布在本区非常广阔，是本区面积最大的耕地土壤。

薄层黑土的剖面形态特征如下：

半分解腐殖质层（A_0）：0～28 厘米，暗灰色，粒状结构，重壤土，根系较多。

过渡层（AB）：28～75 厘米，黄灰色，粒状、核状结构，轻黏土，有动物穴。

淀积层（B）：75～120 厘米，灰棕黄色，核状结构，轻黏土，有二氧化硅粉末及铁锰结核。

母质层（C）：120～150 厘米，棕黄色，核状结构，轻黏土 有胶膜。

物理性状：一是容重大。薄层黑土是本区开垦时间最长的一个土壤类型，已有 40～50 年的时间，长者达 70 年。由于多年的耕种，有机质含量下降，加之受耕作机犁具的挤压，表土层较坚实，容重都在 1.0 克/立方厘米以上，淀积层、母质层可达 1.3～1.4 克/立方厘米。二是孔隙度小。总孔隙度只有 47%～53%。三是质地黏重。由机械组成分析结果可知，表土物理黏粒含量达 60% 左右，为重壤土；下层黏粒含量达 70% 以上，为轻黏土。四是热状况良好。地处漫岗，呈波状起伏，颜色灰暗，接受太阳的辐射能较多。春季地温回升快，土壤热潮，养分容易释放，有效性高。五是团粒结构体多，保水保肥性强，易于耕作，宜耕期长。六是渗透速度。耕层（0～25 厘米）为 0.364 毫米/分，犁底层（25～30 厘米）为 0.06 毫米/分［邻泉村房后（20 号）和大庆农场二队门前（68 号）薄层黑土上的测定结果］。薄层黑土物理性状见表 3-14。

表 3-14　薄层黑土物理性状

剖面地点	取土深度（厘米）	容重（克/立方厘米）	总孔隙度（%）	土壤各粒级含量（%）						物理黏粒（%）	物理沙粒（%）	质地名称
				1.0～0.25毫米	0.25～0.05毫米	0.05～0.01毫米	0.01～0.005毫米	0.005～0.001毫米	<0.001毫米			
龙泉村二环路南（41号）	0～28	1.22	53.69	0.620	4.780	34.8	11.7	20.2	27.9	59.8	40.2	重壤土
	50～60	1.31	50.72	0.423	0.077	30.6	12.3	16.9	39.7	68.9	31.1	轻黏土
	90～100	1.40	47.75	0.297	6.903	20.8	11.9	16.3	43.8	72.0	28.0	轻黏土
	130～140			0.562	12.438	15.2	11.9	13.9	46.0	71.8	28.2	轻黏土

化学性状：表层（耕层）氮素养分含量比其他类型土壤偏低，有机质含量为 50～70 克/千克，碱解氮含量为 250～300 毫克/千克。但通体养分含量并不少，一般 100 厘米处有机质含量仍达 10 克/千克左右。磷的有效含量较高，有效磷含量为 15～30 毫克/千克，土体呈中性反应，pH6.4～7.0。薄层黑土化学性状见表 3-15。

表 3-15 薄层黑土化学性状

剖面地点	取土深度（厘米）	有机质（克/千克）	全氮（克/千克）	全磷（克/千克）	碱解氮（毫克/千克）	有效磷（毫克/千克）	速效钾（毫克/千克）	pH
邻泉村房后（20号）	0～28	55.2	2.7	1.7	237	23	240	6.9
	50～60	23.8	0.0	0.0				6.5
	90～100	14.0	0.0	0.0				6.4
	130～140	11.8	0.0	0.0				6.5
大庆农场二队门前（68号）	0～28	56.4	2.6	2.2		12		6.9
	35～45	30.3	1.6	0.0				6.6
	60～70	15.9	0.0	0.0				6.9
	90～100	15.2	0.0	0.0				6.9
	120～130	12.5	0.0	0.0				6.7

总之，薄层黑土虽然耕层养分含量较低，但整个土体养分总量较多，养分的有效性高，各种养分比较均衡。特别是氮磷比例不像其他土壤（如沼泽土、草甸土）那样严重失调，土壤的温度、空气、水分、养分供应比较协调、持久。尽管薄层黑土存在水土流失、春季易干旱等缺点，但从理化性质的全局（即土壤肥力）来看，仍是一种优良的农业土壤。

②草甸黑土。草甸黑土微地形为漫岗下部平缓地带，是黑土与草甸土之间的一种过渡类型土壤。自然植被以杂类草草甸为主，并伴有喜湿性的大叶樟、羊蹄叶和细叶地榆等，母质为黏质黄土沉积物。本亚类面积为 1 024.72 公顷，占土类面积的 2.16%，主要分布在龙泉马场地和焦得布林场。

剖面形态特征与黑土基本相同。所不同的是，由于地下水位较高，草甸化过程的加入，土壤剖面有较多的锈纹、锈斑、铁锰结核，干时可见白色的二氧化硅粉末，有的底层略有潜育现象。

代表性剖面以龙泉马场地和焦得布林场（海拔 268 米，旱田），剖面形态特征如下：

（A_p）层：0～15 厘米，黑灰色，团粒状结构，重壤土，作物根系多，过渡明显。

（A_{pp}）层：15～23 厘米，黑灰色，块状结构，重壤土，作物根系较少，过渡明显。

（A）层：23～45 厘米，暗灰色，粒状，重壤土，有铁锰结核。

（AB）层：45～95 厘米，黄灰色，核粒状结构，质地为轻黏土，有铁锰结核。

（B）层：95～125 厘米，棕黄色，核状结构，轻黏土，新生体有结核、胶膜、锈斑二氧化硅粉末，作物根系极少。

（C）层：125～150 厘米，黄棕色，核块状结构，轻黏土。

理化性质：一是表层容重为 0.84～1.17 克/立方厘米，心土层为 1.04～1.29 克/立方厘米，略小于黑土。二是质地黏重，上层多为重壤土，下部为轻黏土、中黏土。三是腐殖质层深厚，通体养分含量极为丰富。耕层有机质含量为 70～100 克/千克，荒地可达 150 克/千克；40～50 厘米土层有机质含量仍达 40～50 克/千克，有效磷的含量一般为 12～20 毫克/千克。四是土壤呈中性反应，pH 为 6.5～7.6。草甸黑土理化性状见表 3-16。

表 3-16　草甸黑土理化性状

剖面地点	取土深度（厘米）	物理性质										化学性质					
		容重（克/立方厘米）	总孔隙度（%）	土壤各粒级含量（%）						物理黏粒（%）	物理沙粒（%）	质地名称	有机质（克/千克）	全氮（克/千克）	全磷（克/千克）	碱解氮（毫克/千克）	有效磷（毫克/千克）	pH
				1.0～0.25毫米	0.25～0.05毫米	0.05～0.01毫米	0.01～0.005毫米	0.005～0.001毫米	<0.001毫米									
清泉村南二节地（10号）	0～15	0.94	62.93	0.22	10.38	42.4	12.3	16.8	17.9	47.0	53.0	重壤土	90	4.34	1.42	395	12	6.6
	15～23		61.28	0.72	10.55	42.4	12.2	19.1	15.6	46.9	53.1	重壤土	88.6	4.02	1.49			6.5
	40～50	1.04	59.63	0.20	62.80	36.8	10.1	16.1	30.2	56.9	43.1	重壤土	48	1.97	0			6.9
	75～85			0.56	8.74	22.0	2.6	15.3	45.8	68.7	31.3	轻黏土	23.1	0	0			7.6
	95～105			0.38	19.82	18.1	8.4	11.2	42.1	61.7	38.3	轻黏土	12.7	0	0			7.5

这类土壤的农业生产特征表现为：一是潜在肥力高，但速效养分略缺乏，特别是前期地温低，养分释放缓慢。尤其有效磷显得缺乏。土壤肥力表现为前劲小、后劲大类型。二是地下水位高，含水量大，春季地温回升较慢，容易造成粉种，出苗后小苗发锈，生长缓慢；如果秋雨多的年份，这类土壤上的作物容易贪青、晚熟，遭受秋霜危害。三是质地黏重，透水性差，地势平洼，易秋涝，影响机械作业，宜耕期比黑土短。四是因地势平洼，无水土流失现象，水分充足，养分储量减少速度缓慢。五是本类土壤自然肥力高，入伏后，水热及养分条件适合时，作物生长迅猛，草甸黑土植株高大，如无其他自然灾害，产量很高。因此，草甸黑土也是一种开发了的农业土壤。

（4）草甸黑土的改良利用。一是深翻晒垡，提高地温，增加养分的有效性。二是在施用化肥上，采用"以磷为主，以氮为辅"的原则。控制氮肥用量，特别是控制后期氮肥的使用。

3. 草甸土　草甸土是本区面积较大的一类土壤，总面积为 1 571.64 公顷，占土地面积的 5.87%；耕地面积为 565.74 公顷，占市属面积的 2.11%。草甸土面积及分布情况见表 3-17。

表 3-17　草甸土面积及分布情况统计

单位：公顷

县级名称	草甸土				
	土类合计	亚类合计	黏质草甸土		
			中层草甸土	薄层草甸土	土属小计
五大连池风景区	1 571.64	1 571.64	222.47	1 349.17	1 571.64

草甸土分布较少，是直接受地下水影响，在草甸植被覆盖下发育而成的一种半水成型土壤。形成过程的主要特点是，具有明显的腐殖质积累过程和潜育过程。主要分布在漫岗下部平缓地、山间沟谷水线两侧及沿河低阶地上，呈狭窄的带状穿插在各种地带性土壤之中。因此，它的分布地域广大，全区无论是低山丘陵漫岗区还是河谷泛滥区，都有此类土壤。

（1）形态特征。从大体上可分为3个层次：

腐殖质层（A）：暗灰色，荒地有10厘米左右的草根。草根层（As）下部为腐殖质层，厚度一般为20～80厘米，湿时色暗，干时灰色、暗灰色，团粒结构非常明显，质地较黏重，有锈色斑纹，向下呈水平过渡。

过渡层（AB、BC）：受母质影响，差异很大，有的有潜育现象（ABg、BCg）。

母质层（C）：各亚类及土属不尽相同，有潜育、潴育现象（Cg、Cw）。

（2）评价。

草甸土是本土的典型亚类，耕地面积为565.74公顷，占总耕地面积的2.1%，主要发育在河谷平缓地及阶地上。植被为草甸杂草及少量的小叶樟，母质质地不均一，为冲积沉积物。

草甸土在五大连池风景区分为一个黏质草甸土土属，该土属分薄层黏质草甸土和中层黏质草甸土2个土种，面积分别为1 349.17公顷和222.47公顷。分述如下：

黏质草甸土在春季速效养分稍多些，容重小，表土为0.79～1.09克/立方厘米。俗称本土为"黑油沙"。黏质草甸土物理性质见表3-18，化学性质见表3-19。

表3-18　黏质草甸土物理性质表

剖面地点	层次	取土深度（厘米）	容重（克/立方厘米）	总孔隙度（%）	土壤各粒级含量（%）						物理黏粒（%）	物理沙粒（%）	质地名称
					1.0～0.25毫米	0.25～0.05毫米	0.05～0.01毫米	0.01～0.005毫米	0.005～0.001毫米	<0.001毫米			
青泉村西石塘（12号）	Ap	0～27	0.88	64.91	21.45	12.66	21.9	11.2	15.2	17.1	44.0	56.0	中壤土
	A	35～45	1.06	58.97	0.40	0.20	32.1	10.7	16.7	39.9	67.3	32.7	轻黏土
	AB	70～80	1.33	50.60	0.59	5.62	24.3	7.8	12.3	49.4	69.5	30.5	轻黏土
	BC	110～120			0.46	9.54	22.0	9.4	12.9	45.7	68.0	32.0	轻黏土
	C	130～140			0.36	7.33	29.4	6.6	15.0	41.3	62.9	37.1	轻黏土

表3-19　黏质草甸土化学性质表

剖面地点	土层	取土深度（厘米）	有机质（克/千克）	全氮（克/千克）	全磷（克/千克）	全钾（克/千克）	碱解氮（毫克/千克）	有效磷（毫克/千克）	速效钾（毫克/千克）	pH	土壤名称
青泉村西长垄子	A	0～30	107.8	5.21	2.7	0	357	17		5.8	中层黏质草甸土
	AB	30～40	31.3	1.49	1.19	0				6.2	
	BC1	60～70	24.2	0	0	0				6.2	
	BC2	90～100	22.2	0	0	0				7.0	
	C	130～140	18.3	0	0	0				6.1	

（续）

剖面地点	土层	取土深度（厘米）	有机质（克/千克）	全氮（克/千克）	全磷（克/千克）	全钾（克/千克）	碱解氮（毫克/千克）	有效磷（毫克/千克）	速效钾（毫克/千克）	pH	土壤名称
青泉五队西长垄子	A	20～30	87.4	3.87	2.25	0					中层黏质草甸土
	AB	35～45	180.1	8.16	0	0	0				
	BC₁	55～65	16.4	0	0	0	0				
	BC₂	85～95	202.8	0	0	0	0				
	C	120～130	122.6	0	0	0	0	0			

草甸土的基本性质与农业生产特征：

①全量养分含量很高。有机质含量一般为 80～130 克/千克，高者可达 160 克/千克以上。全氮含量为 2.5～7.0 克/千克，全磷为 2.0～3.0 克/千克。但养分的有效性较差，且速效养分的供应不够协调，前期少、后期多。

②土质黏重，多为中壤土、轻黏土，持水性强，湿时泥泞，宜耕期短。如果耕种时间很长，加之为抢农时进行"五湿"（湿耕、湿耙、湿种、湿管、湿收）作业，土壤结构遭受破坏，干时坚硬，耕作困难。

③地势较低，地下水位高。地下水一般埋藏深度仅 1～3 米。春季土壤水分较多，地温偏低，播种期比岗地晚，并且容易造成粉种现象。同时，地温低，微生物活动也弱，养分释放缓慢，使作物苗期有效养分供不应求，尤其缺乏有效磷，小苗生长缓慢。作物生育后期很容易贪青晚熟，加之霜冻比岗地来得早，作物的生育期较岗地短。因此，不宜种植生育期长的作物。

④团粒结构体多，保肥、供肥性能强，潜在肥力高，增产潜力大。

⑤易受洪涝威胁，土壤怕涝、不怕旱。

（3）草甸土的改良利用。

①开沟排水，降低地下水位。促使土温增高，加速土壤熟化过程。增加土壤中速效养分的分解释放，减轻内涝危害。

②化肥的施用要以磷为主。耕种年限久，需施用热性有机肥料如马粪等，对改土培肥地力均有效果。

③因地制宜，发展水田。利用草甸土质地黏重、不易透水的特点，在有水源的地方，可改种水稻。清泉村运河下游河滩两侧的草甸土，都是种植水稻的优良土壤。

④因地势低不宜开垦的地带，一般草本植物长势茂盛，产草量高，载畜量大，是优良的天然放牧场地。

⑤对于理化性质不良的耕地，可采取掺沙去黏、深翻深松等措施，创造深厚的活土层，放寒增温，改善理化性状，增加土壤养分的有效性。

4. 沼泽土 本土总面积为 5 241.02 公顷，占总面积的 19.57%。耕地面积 77.5 公顷，占区属面积的 0.29%。沼泽土是成土母质在季节性积水或常年积水，受地表水与地下水浸润的影响下，发育而成的一种水成型土壤。沼泽土的发育受气候条件的影响小，而受地形影响颇大，主要分布在山间沟谷洼地、丘陵漫岗间沟谷洼地、池子两岸河漫滩中。

由于沼泽土地势低洼积水，不适合农作物生长，因此开垦较少。

本区沼泽土有 2 个亚类：草甸沼泽土、泥炭腐殖质沼泽土。其中，草甸沼泽土分 1 个草甸沼泽土土属、1 个沟谷草甸沼泽土土种，土壤面积为 5 229.91 公顷，占总面积的 4.93％；泥炭腐殖质沼泽土分为 1 个泥炭沼泽土土属，续分 1 个泥炭质沼泽土土种，面积为 11.11 公顷，占总面积的 0.01％。沼泽土面积及分布情况见表 3-20。

表 3-20　沼泽土面积及分布情况统计

单位：公顷

县级名称	沼　泽　土		
	土类合计	草甸沼泽土	泥炭沼泽土
		沟谷草甸沼泽土	泥炭质沼泽土
五大连池风景区	5 241.02	5 229.91	11.11

（1）草甸沼泽土（5$^1_1$）。耕地面积为 77.5 公顷，占土类面积的 1.48％，占区属面积的 0.29％。所处地形部位在沼泽土类中最高，分布在积水不甚严重的平坦沟谷或其他类型沼泽土的外侧。植被主要为薹草、小叶樟，其次有三棱草、沼柳等。土壤季节性积水，受地下水影响比另外两个亚类小，但地下水位同其他土类相比仍然很高。土壤过湿状态，成土过程仍以沼泽化占主要地位。只是泥炭积累作用较弱，因而无泥炭层。表层一般为草根层（A$_s$）或腐殖质层（A$_1$），往下是灰色与黄色斑点交杂的层次（B$_g$），或者只有 A$_1$、C$_1$ 两层。

代表性剖面形态特征如下：

A$_1$ 层：0～28 厘米，灰黑色，粒状，轻黏土，根系极多，有锈斑，层次过渡明显。

G 层：28～90 厘米，灰白色，轻黏土，夹杂少量的沙砾。

草甸沼泽土有如下一些性质（表 3-21）：一是腐殖质积累作用较强，表层有机质含量达 100～200 克/千克，但 G 层有机质含量很少。二是土壤呈中性反应，pH 为 6.0～7.1。三是质地黏重，特别是 G 层黏着性极强。四是土壤水分经常处于过饱和状态，冷湿，热状况不良。

表 3-21　草甸沼泽土理化性质表

剖面地点	取土深度（厘米）	有机质（克/千克）	全氮（克/千克）	全磷（克/千克）	全钾（克/千克）	速效钾（毫克/千克）	pH	质地名称
焦得布林场（8）号	0～28	191.0	8.3	3.3	18.8	405	6.7	轻黏土
	55～65	4.2	0.0	0.0	0.0		7.1	轻黏土
	土壤各粒级含量（％）						物理黏粒（％）	物理沙粒（％）
	1.0～0.025 毫米	0.25～0.05 毫米	0.05～0.01 毫米	0.01～0.005 毫米	0.005～0.001 毫米	<0.001 毫米		
	0.3	6.8	21.6	12.5	15.1	43.7	71.3	28.7
	0.8	5.4	20.6	13.6	14.5	45.1	73.2	26.8

本土地形稍高、沼泽化过程较弱，在截流排水、解除洪涝威胁的基础上，会逐渐旱

化，植被群落的组成也随之改变，逐步向草甸植被方向发展，之后开垦利用，是一种潜在肥力很高的农用地；在不宜垦殖地带，一般自然植被长势良好，亦是优良的放牧场地。

（2）泥炭腐殖质沼泽土（5_1^2）。面积为 11.11 公顷，占本土面积的 0.21%。与泥炭沼泽土及泥炭土的地形相同，地貌为泥洼，季节或常年积水的沟谷洼地以及焦得布林场（8号）等。植被为薹草、芦苇、三棱草、薄草和水葱等沼泽植物，这些植物生长异常茂盛。由于一代代死亡，其残体以嫌气分解为主，便一层层积累起来，这就促进泥炭化过程，形成泥炭层（A_t）。由于沼泽植物的不断更替，各层次植物组成不同，形成的时间先后也不同，因而各层次的性状亦各不相同，如腐殖质含量、分解度、颜色等。厚度差别也很大，由几十厘米至几百厘米不等。这些都是研究泥炭的发育过程，决定泥炭利用价值的主要标志。

剖面特性特征如下：

A_t 层：0～20 厘米，灰黄色，有机质含量很高，层次向下过渡明显。

A_1 层：20～70 厘米，暗灰色，有少许不稳固的粒状结构，层次过渡明显。

G 层：70～100 厘米，灰蓝色、灰白色的黏土，黏着性强。

泥炭层不但有机质含量很高，其他养分含量也很丰富。例如，全氮达 11.17 克/千克；全钾达 17.8 克/千克；全磷含量中等，为 2.96 克/千克。腐殖质层养分含量：有机质为81.3 克/千克，全氮为 2.48 克/千克，全钾为 24.3 克/千克。泥炭腐殖质沼泽土理化性质见表 3 - 22。

表 3 - 22　泥炭腐殖质沼泽土理化性质表

剖面地点	土层	取土深度（厘米）	有机质（克/千克）	全氮（克/千克）	全磷（克/千克）	全钾（克/千克）	碱解氮（毫克/千克）	pH
焦得布林场（8）号	A_t	0～20	268.0	11.2	3.0	17.8	240	6.5
	A_1	20～30	81.3	2.5	0.6	24.3		6.5

泥炭沼泽土大体上可分为 2 个层次：泥炭层（A_t）和潜育层（G）。A_t 一般又可分上段（A_{t_1}）、下段（A_{t_2}）两层。上段生草根极多，分解差；下段色暗，分解度高。G 层浅蓝或灰蓝色，黏而密实。At 大于 50 厘米，并且有机质含量在 500 克/千克以上的（1984年《全国泥炭资源普查技术规程》修订为 300 克/千克以上），则称为泥炭土。泥炭土的各种全量养分含量甚高，如焦得布林场的泥炭土有机质含量高达 346 克/千克，泥炭层厚 70厘米以上。

在农业利用方面，沼泽土的主要问题是水分过多，导致土壤过湿、过冷，通气不良，土壤潜在养分含量甚高。这类土壤上的大、小叶樟植被茂密，是优良的割草放牧地，可为民房建筑提供材料及为畜牧业生产提供大量的饲料。随着农业生产的不断发展，在兴修水利、疏导积水、解决排水问题的基础上，使地温得以提高，改善其通气性，促进土壤熟化进程，促使迟效养分转化为速效养分；也可以建立起人工草场，成为发展畜牧业生产基地。

泥炭土及沼泽土的泥炭，是一种富贵的自然资源，在农业、工业、畜牧业、医药卫生等方面都有广泛的用途。在农业方面，它是一种良好的有机肥料资源。分解度较高（40%以上）、酸度适中的泥炭，可直接施入瘠薄的土壤，培肥地力；分解度中等（20%～40%）

的泥炭，与厩肥、人粪尿以及化肥混合制成堆肥，可促进其腐熟，并减少人粪尿养分的损失，提高化肥的利用率及有效性（特别是磷肥）；分解度差的泥炭（<20%），吸水、吸氨的能力极强，持水量一般可达 50%～80%，吸氨 1.23%～2.26%，可作为牲畜的垫圈材料，吸收粪尿以及发出的氨气，减少肥分损失，经牲畜踏碎、腐熟后可成为优质的有机肥料。近年来，利用腐殖酸含量高的泥炭，与磷、钾、钠等无机成分化合，生产出一种新型的有机化学肥料——腐殖酸盐肥料。这种肥料既有改良土壤的作用，又有增加作物速效养分及刺激作物生长等功能。泥炭也是高温造肥、制造营养钵等的好材料。但施用泥炭必须注意：一是直接上地，必须是分解度高的泥炭；二是低洼冷浆的土壤和喜温作物施泥炭，有贪青、徒长、晚熟的问题。

据化验，泥炭不仅含有各种有机酸、氨基化合物、各种蛋白质、腐殖质，还含有树脂、沥青等复杂的有机化合物，在工业上可用来提炼油脂等。有机质中有机酸含量很高而泥沙极少的泥炭，发酵后可作饲料发展生猪生产等，五大连池风景区已进行试验并取得初步成功。

总之，泥炭的用途很广，用法多样，简单易行，易于推广，最近被国家正式列为矿产资源。据初步计算，五大连池风景区泥炭储量达 250 万立方米。随着科学技术的不断发展和对泥炭研究的深入，泥炭的综合利用性越来越广泛。

5. 新积土　新积土面积为 16 799.02 公顷，占土壤面积的 15.84%。耕地面积 1 731.15公顷，占区属面积的 6.46%。石灰土是在近期火山喷发物上发育而成的一种特殊类型的土壤。据记载，喷发期最近的距今仅 263 年。因此，这类土壤发育的极其微弱。

本类土壤分布在五大连池火山群的火山锥及周围的火山台地及火山熔岩所形成的石龙上，有生草火山石质土和腐殖火山砾质土两个亚类。

（1）生草火山石质土。生草火山石质土是火山喷发的岩浆经冷凝后形成的石龙，翻花石地带，由于火山熔岩的抗风化能力强，而形成的时间短。因此，这类土壤的发育归结为是微弱：植被尤为稀少，只生长地衣、苔藓等低等植物及少量而微弱的生草，在缝隙中也生长着较多的杨树等；没有形成壤质土层，地表即是裸露的熔岩，在农业上无利用价值。

在自然景观保存较好的地带，由岩浆所形成的熔岩块，千姿百态，形状奇特，远观波澜起伏的大海，称之"石海"。近看每块各具奇形、妙趣横生，是人们浏览火山风光的绝妙场所，可开辟为旅游胜地。用造型奇异的熔岩块制作的假山盆景，是其他材料无法比拟的一种工艺品。熔岩石龙还可为房屋、桥梁等建筑业提供大量的石料。据估计，约有 100 亿吨的玄武熔岩，可以用来制作水泥、岩棉等建材制品。

（2）腐殖质火山砾质土。腐殖质火山砾质土分布在火山锥及其周围台地，在火山砾（俗称火山灰）上发育的一种土壤。火山灰的抗风化能力远远不及熔岩的抗性强，故这类土壤一般都有壤质土层，其厚度随火山喷发时间长短以及小地形的小热条件而异。卧虎山、尾山、焦得布山等火山，喷发年代较久，壤质土层已很深厚。如卧虎山顶部平洼处，腐殖质层已 25 厘米，土层共厚 40 厘米，植被生长也很旺盛，大都成为茂密的森林；而喷发年代近的火烧山、老黑山，尚未形成明显的腐殖质层。同一火山不同部位，由于热量、水分的差异很大，其风化程度也很悬殊。火山锥的向阳面，高温干燥，不易风化，尚未形成土层，只在火山灰的缝隙中生长少量杂草及小树木，如老黑山、药泉山、卧虎山的南坡；在背阴面，现已初具土层，而且火山森林已很繁茂，成为火山的一大景观了。

由于腐殖质火山砾质土成土母质的特殊性，其各种理化性质也同样有着很大的特殊之处。

首先，在火山森林植被下，表层有机质含量甚高，与沙砾质暗棕壤不相上下。但从整个土体来看，其下层养分的含量远远高于暗棕壤。在 50～60 厘米处，有机质达 34.0 克/千克左右，磷、钾的含量也很丰富。土壤酸碱度为中性。

其次，在物理性质上，由于火山灰内部多孔，因而上下层的容重都很小，表土为 0.77 克/立方厘米，心土层也只有 1.16～1.17 克/立方厘米。质地一般为壤土和黏土（粒径＞1.0 毫米的火山灰砾未计算在内）。腐殖质火山砾质土理化性质见表 3-23。

表 3-23 腐殖质火山砾质土理化性质表

剖面地点	取土深度（厘米）	化学性质								物理性质										
		有机质（克/千克）	全氮（克/千克）	全磷（克/千克）	全钾（克/千克）	碱解氮（毫克/千克）	有效磷（毫克/千克）	速效钾（毫克/千克）	pH	容重（克/立方厘米）	总孔隙度（%）	土壤各粒级含量（%）						物理黏粒（%）	物理沙粒（%）	质地名称
												1.0～0.25毫米	0.25～0.05毫米	0.05～0.01毫米	0.01～0.005毫米	0.005～0.001毫米	＜0.001毫米			
青泉村老黑山道口西(22号)	0～25	107.3	4.5	20.0	25.5	340	25	560	7.1	0.77	68.54	1.52	13.78	37.0	9.9	14.6	23.2	47.7	52.3	重壤土
	35～45	30.7	1.4	1.7	26.5				7.1	1.16	55.67	1.48	7.42	26.9	10.5	16.4	37.3	64.2	35.8	轻黏土
	55～65	34.4	0.0	0.0	26.5				7.6	1.17	55.34	10.5	0.60	17.3	14.2	10.9	46.5	71.6	28.4	轻黏土
	110～120	9.2	0.0	0.0	0.0				6.8			27.8	25.70	13.5	6.2	6.3	20.4	32.9	67.1	中壤土
	0～13	242.0	9.3	4.3	19.5	402	60	585	7.1			7.41	22.89	41.4	6.5	13.3	8.5	28.3	71.7	轻壤土
	25～35	50.6	2.5	2.9	22.3				7.1			0.21	5.40	36.4	14.5	19.8	23.2	59.0	42.0	重壤土
	50～60	33.6	0.0	0.0	0.0				7.0			1.08	20.22	3.00	12.2	19.1	17.4	48.7	51.3	重壤土

这类土壤上的火山森林树势健壮，苍翠挺拔，尤其是老黑山的东坡、北坡，长满了苍松翠柏、郁郁葱葱，实为火山风光的一大胜景。火山灰疏松多孔，比重小于1，用来制作墙体材料，具有质轻、异热性小的特点，是良好的保温材料。实践证明，使用 24 厘米厚的墙体，在本地平均气温－35℃的情况下，可以获得同两砖墙同样的保温效果。火山砾还可用作楼房天棚的保温材料，效果好，又防火，还可制作火山砾砌块等用于建筑。据估计，仅老黑山的火山灰储量就有（不包括与浮石混在一起的数量）约 129 万立方米左右（1974 年材料），资源极其丰富，具有广泛的开采利用价值。火山浮石系火山喷出岩浆时，排出的大量气体在赤热的熔岩物中急剧冷却而形成的天然多孔石村，具有坚固的海绵状结构。它的容重小，仅 0.6～1.1 克/立方厘米；抗压强度较大，为 0.15～0.17 克/平方厘米，对发展轻质高强建筑材料将发挥积极作用。浮石在混凝土工程上还是天然的轻质骨料。据探测，仅老黑山浮石储量即为 4 700 万立方米（1960 年），资源丰富，值得引起重视。更为重要的是，这类土壤是对火山进行科学研究的"天然火山博物馆"，将在火山研究上发挥极其重要的作用。但火山石质在利用中必须注意保护问题，做到利用与保护相结合，合理安排统筹兼顾；否则，只利用不保护，必将引起资源的破坏，造成不可弥补的损失。

第四章 耕地土壤属性

土壤是人类最基础的生产资料，被称之为"衣食之源，生存之本"。它不仅是农业生产的基础、作物的生活基地和人类衣食住行所需物质和能量的主要来源，而且是物质和能量转化的场地。通过土壤使物质和能量不断循环，满足作物和人类生活的需要。

耕地是保障一个地区经济社会实现可持续发展的基础性、不可替代的重要资源。耕地保护是一个综合性的问题，其目的是资源的永续利用，更好地为经济社会发展服务。

土壤是人类赖以生存的重要资源之一，土壤肥力是土壤的基本特征。在土壤肥力组成的水、肥、气、热四大要素中，土壤养分是重要组成部分之一。在作物栽培过程中，对土壤肥力控制程度较大的也是土壤养分含量。人们通过施肥来调整土壤养分的多少，尽可能地满足农作物生长的需要。因此，了解土壤养分的现状，合理地划分养分等级，掌握本地各类土壤养分含量特征以及土壤养分变化趋势，对正确地指导土壤施肥具有重要的实际意义。

第二次土壤普查的土壤养分分级标准是按照当时的耕地生产水平以及土壤养分状况制定的，从 1982 年至今已经历了 30 年，由于耕作制度的改变、农作物品种的更新、施肥水平的提高等农业生产条件的变化，土壤养分的分级标准也相应地要进行修正。特别是多年来有机肥的施用减少和氮肥施量的增加，使土壤有机质、全氮量、碱解氮养分含量也发生了很大的变化。随着农作物产量的提高、施肥结构的改变，原来的土壤养分标准已经不能完全反映土壤养分水平的高低了。因此，根据近年的肥效试验结果、土壤养分含量结构的变化以及当前实际生产条件的改变，有必要对第二次土壤普查的土壤养分分级标准进行修正。参照 2009 年 6 月 10 日，经黑龙江省耕地地力评价领导小组第四次专家组会议审定、确定的黑龙江省耕地地力评价养分分级指标（试行）进行评价分级（表 4-1）。

表 4-1 黑龙江省耕地地力评价养分分级指标

分　级	一级	二级	三级	四级	五级	六级
有机质（克/千克）	＞60	40～60	30～40	20～30	10～20	＜10
碱解氮（N）（毫克/千克）	＞250	180～250	150～180	120～150	80～120	＜80
全氮（N）（克/千克）	＞2.5	2～2.5	1.5～2	1～1.5	＜1	—
全磷（P）（克/千克）	＞2	1.5～2	1～1.5	0.5～1	＜0.5	
全钾（K）（克/千克）	＞30	25～30	20～25	15～20	10～15	＜10
有效磷（P）（毫克/千克）	＞60	40～60	20～40	10～20	5～10	＜5
速效钾（K）（毫克/千克）	＞200	150～200	100～150	50～100	30～50	＜30
有效锰（Mn）（毫克/千克）	＞15	10～15	7.5～10	5～7.5	＜5	—

（续）

分 级	一级	二级	三级	四级	五级	六级
有效铁（Fe）（毫克/千克）	＞4.5	3～4.5	2～3	＜2	—	—
有效铜（Cu）（毫克/千克）	＞1.8	1～1.8	0.2～1	0.1～0.2	＜0.1	—
有效锌（Zn）（毫克/千克）	＞2	1.5～2	1～1.5	0.5～1	＜0.5	—

耕地土壤自 1982 年第二次土壤普查以来，经过近 30 年的耕作制度的改革和各种自然因素的影响，土壤的基础肥力状况已经发生了明显的变化。总的变化趋势是：土壤有机质呈下降趋势，土壤酸性增强。

五大连池风景区此次耕地地力调查共采集土壤耕层样（0～20 厘米）705 个，分析了 pH、土壤有机质、全氮、全磷、全钾、碱解氮、有效磷、速效钾、中微量元素等土壤理化属性项目 11 项，分析数据 26 480 个。根据"县域耕地资源信息管理系统"，共确定评价单元数 340 个，并采用空间插值法所得数据进行整理分析。

第一节　有机质及大量元素

一、土壤有机质

土壤有机质是耕地地力的重要标志。它可以为植物生长提供必要的氮、磷、钾等营养元素；可以改善耕地土壤的结构性能以及生物学和理化性质。通常在大的立地条件相似的情况下，有机质的含量，可以反映出耕地的地力水平。

本次调查结果表明，耕地土壤有机质含量平均为 67.81 克/千克，变化幅度为 41.44～178.9 克/千克。在接《黑龙江省第二次土壤普查技术规程》分级的基础上，将五大连池风景区耕地土壤有机质分为 6 级，其中，含量＞60 克/千克的占 65.8％，40～60 克/千克的占 34.2％，≤40 克/千克的没有分布（图 4-1）。

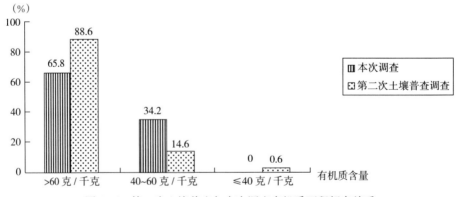

图 4-1　第二次土壤普查与本次调查有机质面积频率关系

与 20 世纪 80 年代开展的第二次土壤普查调查结果比较，土壤有机质平均下降了 3.09 克/千克（第二次土壤普查调查数据为 70.72 克/千克）。而且，土壤有机质的分布也发生了相应的变化。第二次土壤普查时耕地土壤有机质主要集中在 60 克/千克以上的一级，占耕地总面积的 88.6%。而这次调查表明，有机质≥60 克/千克的一级面积下降了 22.8%，而 40~60 克/千克的面积由 14.6% 增加到 34.2%（表 4-2）。

表 4-2　土壤有机质分级面积

级　　别	一级	二级	三级	四级
分级标准（克/千克）	>60	40~60	30~40	20~30
面积（公顷）	10 806.2	5 624.9	0	0
占土壤面积（%）	65.8	34.2	0	0

土壤有机质分级面积见表 4-3；土类有机质分级面积见表 4-4；土种有机质分级面积见表 4-5。

表 4-3　土壤有机质分级面积

项　　目	面积（公顷）	一级		二级		三级	
		面积（公顷）	占本土类（%）	面积（公顷）	占本土类（%）	面积（公顷）	占本土类（%）
国有农场	7 070.53	6 111.54	86.44	958.99	13.56	0	0
林业	2 322.12	137.60	5.93	2 184.52	94.07	0	0
五大连池镇	7 038.45	4 557.09	64.75	2 481.36	35.25	0	0
合计	16 431.1	10 806.23	65.77	5 624.87	34.23	0	0

表 4-4　土类有机质分级面积

土　类	面积（公顷）	一级		二级		三级	
		面积（公顷）	占本土类（%）	面积（公顷）	占本土类（%）	面积（公顷）	占本土类（%）
黑土	12 822.50	9 523.02	74.27	3 299.48	25.73	0	0
暗棕壤	1 234.21	610.35	49.45	623.86	50.55	0	0
新积土	1 731.15	138.95	8.02	1 592.20	91.97	0	0
沼泽土	77.50	29.04	37.47	48.46	62.53	0	0
草甸土	565.74	504.87	89.24	60.87	10.76	0	0

表 4-5　土种有机质分级面积

土　种	面积（公顷）	一级		二级		三级	
		面积（公顷）	占本土种（%）	面积（公顷）	占本土种（%）	面积（公顷）	占本土种（%）
薄层黄土质黑土	12 765.71	9 509.81	74.49	3 255.90	25.51	0	0
黄土质草甸暗棕壤	1 180.04	556.18	47.13	623.86	52.87	0	0
薄层砾质冲积土	1 731.15	138.95	8.03	1 592.20	91.97	0	0
泥质暗棕壤	52.80	52.80	100.00	0	0	0	0

（续）

土　种	面积（公顷）	一级		二级		三级	
		面积（公顷）	占本土种（%）	面积（公顷）	占本土种（%）	面积（公顷）	占本土种（%）
泥沙质暗棕壤	1.37	1.37	100.00	0	0	0	0
中层黄土质草甸黑土	56.79	13.21	23.26	43.58	76.74	0	0
薄层黏质草甸沼泽土	77.50	29.04	37.47	48.46	62.53	0	0
中层黏质草甸土	565.74	504.87	89.24	60.87	10.76	0	0

　　从行政区域看，五大连池镇有机质含量较高，平均含量为 72.87 克/千克；其次为国有农场，平均含量为 66.96 克/千克（表 4-6）。在各土壤类型耕层中，草甸土的平均有机质含量最高，为 72.67 克/千克；其次为黑土，其平均含量为 68.09 克/千克（表 4-7）。在各土种中，泥质暗棕壤有机质含量最高，其平均值为 86.77 克/千克；其次为泥沙质暗棕壤，其平均含量为 81.04 克/千克（表 4-8）。

　　2009 年各土类有机质变化情况见图 4-2。1985 年与本次调查各土类有机质对比关系见图 4-3。

表 4-6　本次耕地地力调查耕层有机质含量统计

单位：克/千克

项　目	个　数	平均值	变化值
五大连池镇	158	72.87	41.00～178.9
国有农场	125	66.96	43.60～91.7
林　业	57	55.63	43.64～72
合　计	340	67.81	41.44～178.9

表 4-7　各土壤类型耕层有机质含量统计表

单位：克/千克

项　目	暗棕壤	草甸土	沼泽土	新积土	黑　土
平均值	67.16	72.67	60.67	65.55	68.09
最大值	178.86	95.37	71.51	178.86	137.32
最小值	43.64	58.07	48.60	43.64	41.44

表 4-8　各土种有机质统计含量表

单位：毫克/千克

土　种	样本数	平均含量	最大值	最小值
薄层黄土质黑土	181	68.74	137.31	41.44
黄土质草甸暗棕壤	66	64.58	178.86	43.64
薄层砾质冲积土	35	65.55	178.86	43.64
泥质暗棕壤	8	86.77	91.74	77.88

（续）

土　　种	样本数	平均含量	最大值	最小值
泥沙质暗棕壤	1	81.04	81.04	81.04
中层黄土质草甸黑土	12	58.29	71.46	47.17
薄层黏质草甸沼泽土	9	60.67	71.51	48.60
中层黏质草甸土	28	72.67	95.37	58.07

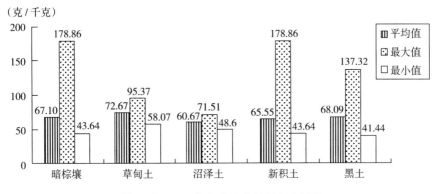

图 4-2　2009 年各土类有机质变化情况

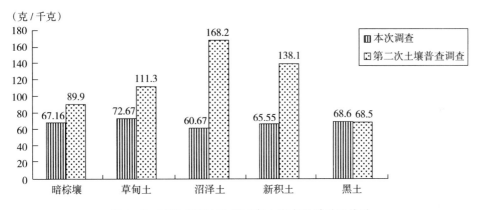

图 4-3　1985 年和本次调查各土类有机质对比关系

二、土壤全氮

土壤中的氮素仍然是我国农业生产中最重要的养分限制因子。土壤全氮是土壤供氮能力的重要指标，在生产实际中有着重要的意义。

耕地土壤全氮含量平均为 3.12 克/千克，变化幅度为 2.5～4.5 克/千克。与 20 世纪 80 年代开展的第二次土壤普查调查结果比较，土壤全氮基本持平（第二次土壤普查调查数据为 3.03 克/千克）。而且，土壤全氮的分布没有发生大的变化。第二次土壤普查时，耕地土壤全氮主要集中在 2.5 克/千克以上的一级，占耕地总面积的 100%（表 4-9）。本次调查表明，按照面积分级统计分析，全区耕地全氮主要集中在＞2.5 克/千克以上的一

级，占99%；全区耕地全氮主要集中在2.0～2.5克/千克的二级，占1%；其余全氮等级
没有分布（图4-4，表4-10）。

表4-9　第二次土壤普查风景区土壤全氮含量分级面积表

级　别	一级	二级	三级
分级标准（克/千克）	＞2.5	2～2.5	1.5～2
面　积（公顷）	16 431.1	0	0
占土壤总面积（%）	100	0	0

表4-10　土壤全氮含量分级

项　目	面　积（公顷）	一级		二级		三级	
		面积（公顷）	占本土类（%）	面积（公顷）	占本土类（%）	面积（公顷）	占本土类（%）
国有农场	7 070.53	7 070.53	100	0	0	0	0
林　业	2 322.12	2 322.12	100	0	0	0	0
五大连池镇	7 038.45	7 038.45	100	0	0	0	0
合　计	16 431.1	16 431.1	100	0	0	0	0

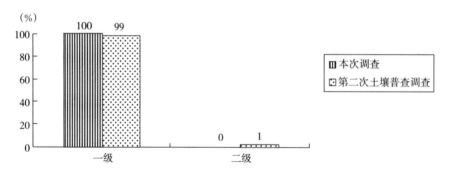

图4-4　第二次土壤普查时与本次调查全氮面积频率关系

　　五大连池风景区土类全氮含量分级见表4-11，五大连池风景区土种全氮含量分级见
表4-12。

表4-11　五大连池风景区土类耕地全氮含量分级

土　类	总面积（公顷）	一级		二级		三级	
		面积（公顷）	占本土类（%）	面积（公顷）	占本土类（%）	面积（公顷）	占本土类（%）
黑　土	47 472.74	12 822.50	27.0	0	0	0	0
暗棕壤	34 915.58	1 234.21	3.5	0	0	0	0
新积土	16 799.02	1 731.15	10.3	0	0	0	0
沼泽土	5 241.02	77.50	1.5	0	0	0	0
草甸土	1 571.64	565.74	40.0	0	0	0	0

表 4 - 12　五大连池风景区土种全氮含量分级

土　　种	总面积	一级		二级		三级	
		面积（公顷）	占本土种（%）	面积（公顷）	占本土种（%）	面积（公顷）	占本土种（%）
薄层黄土质黑土	46 448.02	12 765.71	27.48	0	0	0	0
黄土质草甸暗棕壤	24 157.01	1 180.04	4.89	0	0	0	0
薄层砾质冲积土	16 799.02	1 731.15	10.31	0	0	0	0
泥质暗棕壤	10 645.01	52.80	0.49	0	0	0	0
泥沙质暗棕壤	113.56	1.37	1.21	0	0	0	0
中层黄土质草甸黑土	1 024.72	56.79	5.54	0	0	0	0
薄层黏质草甸沼泽土	1 349.17	77.50	5.74	0	0	0	0
中层黏质草甸土	1 571.64	565.74	36.00	0	0	0	0

　　调查结果表明，五大连池风景区林业土壤耕层全氮含量最高，平均为 3.17 克/千克；最低为五大连池镇，平均含量为 3.11 克/千克（表 4 - 13）。

　　在五大连池风景区各主要类型的土壤中，沼泽土全氮含量最高，平均为 3.29 克/千克；暗棕壤含量最低，平均为 3.08 克/千克（表 4 - 14）。土种中以薄层黏质草甸沼泽土最高，平均达到 3.29 克/千克；最低为黄土质草甸暗棕壤，平均为 3.07 克/千克（表 4 - 15）。

　　2009 年各土类全氮变化情况见图 4 - 5。

表 4 - 13　土壤耕层全氮分析统计

单位：克/千克

项　目	平均值	变化值
国有农场	3.12	2.85～3.32
五大连池镇	3.11	2.50～4.40
林　业	3.17	2.85～3.31
合　计	3.12	2.5～4.4

表 4 - 14　土壤类型耕层全氮统计

单位：克/千克

项　目	暗棕壤	草甸土	沼泽土	新积土	黑　土
平均值	3.08	3.13	3.29	3.21	3.12
最大值	3.32	3.28	3.75	3.49	4.4
最小值	2.57	3.03	2.84	2.85	2.5

表 4 - 15　各土种全氮统计含量

单位：克/千克

土壤名称	样本数	平均含量	最大值	最小值
薄层黄土质黑土	181	3.12	4.40	2.50
黄土质草甸暗棕壤	66	3.07	3.30	2.57
薄层砾质冲积土	35	3.21	3.48	2.85

（续）

土壤名称	样本数	平均含量	最大值	最小值
泥质暗棕壤	8	3.18	3.32	2.96
泥沙质暗棕壤	1	3.11	3.11	3.11
中层黄土质草甸黑土	12	3.10	3.54	2.73
薄层黏质草甸沼泽土	9	3.29	3.75	2.84
中层黏质草甸土	28	3.12	3.28	3.03

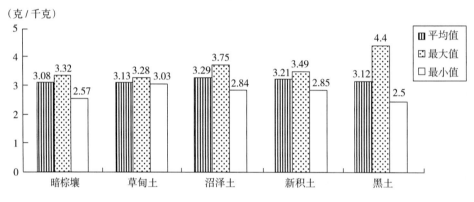

图 4-5　2009 年各土类全氮变化情况

三、土壤碱解氮

土壤碱解氮是反映土壤当季供氮能力的重要指标，在测土施肥指导实践中有着重要的意义。按照《耕地地力调查与质量评价技术规程》（以下简称《规程》）要求，本次调查把碱解氮作为评价指标。因此，我们选择了全部样本进行统计分析。

调查表明，按照面积分级统计分析，五大连池风景区耕地碱解氮主要集中在 165～394.63 毫克/千克，平均为 276.86 毫克/千克。与 20 世纪 80 年代开展的第二次土壤普查调查结果比较，土壤全氮平均下降了 10.27 个百分点（第二次土壤普查调查数据为 308.54 毫克/千克）。而且，土壤碱解氮的分布也发生了相应的变化（图 4-6、图 4-7）。第二次土壤普查时，耕地土壤碱解氮主要集中在 250 毫克/千克以上的一级，面积为 13 397.87 公顷，占耕地总面积的 90.5%（图 4-8）。本次调查表明，从分布频率上看，250 毫克/千克以上的一级占 81.53%，180～250 毫克/千克的二级占 18.08%，150～180 毫克/千克的三级占 0.04%，其他等级的没有分布（表 4-16）。

表 4-16　五大连池风景区土壤碱解氮含量分级

级　　别	一级	二级	三级
分级标准（毫克/千克）	＞250	180～250	150～180
面　　积（公顷）	13 397.87	2 971.07	62.16
占土壤总面积（%）	81.53	18.08	0.04

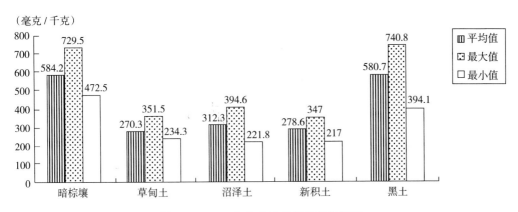

图 4 - 6　2009 年各土类碱解氮变化情况

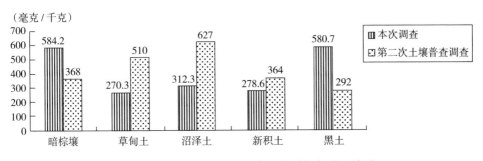

图 4 - 7　1985 年和本次调查各土类碱解氮对比关系

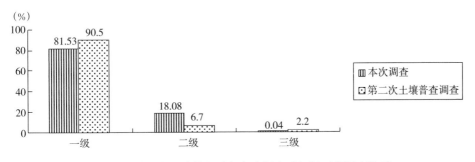

图 4 - 8　第二次土壤普查时与本次调查碱解氮面积频率关系

　　调查表明，在五大连池景区耕地土壤碱解氮中，平均值较高的有暗棕壤、黑土，分别达到 584.2 毫克/千克和 580.7 毫克/千克；最低的草甸土为 270.3 毫克/千克（表 4 - 17）。从土壤碱解氮平均含量来看，国有农场最高为 278.4 毫克/千克，其次为五大连池镇为 276.8 毫克/千克，最低林业为 273 毫克/千克（表 4 - 18）。从土种碱解氮平均含量来看，泥质暗棕壤最高，为 316.05 毫克/千克；其次为薄层黏质草甸沼泽土，为 312.32 毫克/千克；最低为中层黏质草甸土，为 270.34 毫克/千克（表 4 - 19）。土壤碱解氮含量分级见（表 4 - 20）；五大连池风景区土类碱解氮含量分级见表 4 - 21；五大连池风景区土种碱解氮含量分级见表 4 - 22。

表 4-17 各土壤类型耕层碱解氮统计

单位：毫克/千克

项 目	暗棕壤	草甸土	沼泽土	新积土	黑 土
平均值	584.2	270.3	312.3	278.6	580.7
最大值	729.5	351.5	394.6	347	740.8
最小值	472.5	234.3	221.8	217	394.1

表 4-18 土壤耕层碱解氮分析统计

单位：毫克/千克

项 目	平均值	变化值
五大连池镇	276.8	164～394.6
国有农场	278.4	203.2～389.3
林 业	273	321.3～394.6
合 计	276.86	164～394.63

表 4-19 各土种碱解氮含量统计

单位：毫克/千克

土 种	样本数	平均含量	最大值	最小值
薄层黄土质黑土	181	272.72	389.34	164
黄土质草甸暗棕壤	66	275.12	389.34	219.24
薄层砾质冲积土	35	278.65	347.00	217.00
泥质暗棕壤	8	316.05	340.20	302.40
泥沙质暗棕壤	1	253.26	253.26	253.26
中层黄土质草甸黑土	12	308.00	389.34	230.16
薄层黏质草甸沼泽土	9	312.32	394.63	221.82
中层黏质草甸土	28	270.34	351.54	234.36

表 4-20 土壤碱解氮含量分级

项 目	面积（公顷）	一级		二级		三级	
		面积（公顷）	占本乡（镇）（%）	面积（公顷）	占本乡（镇）（%）	面积（公顷）	占本乡（镇）（%）
国有农场	7 070.53	5 742.96	81.22	1 327.57	18.78	0	0
林 业	2 322.12	1 838.05	79.15	484.07	20.85	0	0
五大连池镇	7 038.45	5 816.86	82.64	1 159.43	16.47	62.16	0.88
合 计	16 431.1	13 397.87	81.54	2 971.07	18.08	62.16	0.38

表 4 - 21　五大连池风景区耕地碱解氮含量分级

土　类	面积（公顷）	一级		二级		三级	
		面积（公顷）	占本土类（％）	面积（公顷）	占本土类（％）	面积（公顷）	占本土类（％）
黑土	12 822.50	10 172.26	79.33	2 588.08	20.18	62.16	0.49
暗棕壤	1 234.21	1 056.10	85.57	178.11	14.43	0	0
新积土	1 731.15	1 697.33	98.05	33.82	1.95	0	0
沼泽土	77.50	52.20	67.35	25.30	32.64	0	0
草甸土	565.74	419.98	74.23	145.76	25.76	0	0

表 4 - 22　五大连池风景区土种碱解氮含量分级

土　　种	面积（公顷）	一级		二级		三级	
		面积（公顷）	占本土种（％）	面积（公顷）	占本土种（％）	面积（公顷）	占本土种（％）
薄层黄土质黑土	12 765.71	10 121.88	79.29	2 581.67	20.22	62.16	0.49
黄土质草甸暗棕壤	1 180.04	1 001.93	84.91	178.11	15.09	0	0
薄层砾质冲积土	1 731.15	1 697.33	98.05	33.82	1.95	0	0
泥质暗棕壤	52.80	52.80	100.00	0	0	0	0
泥沙质暗棕壤	1.37	1.37	100.00	0	0	0	0
中层黄土质草甸黑土	56.79	50.38	88.71	6.41	11.29	0	0
薄层黏质草甸沼泽土	77.50	52.20	67.35	25.30	32.65	0	0
中层黏质草甸土	565.74	419.98	74.24	145.76	25.76	0	0

四、土壤有效磷

　　磷是构成植物体的重要组成元素之一。土壤全磷中易被植物吸收利用的部分称之为有效磷，它是土壤供磷水平的重要指标。

　　按照含量分级数字出现频率分析，土壤有效磷多在大于 60 毫克/千克范围内，占耕地面积的 60.8％。各等级分布为：大于 60 毫克/千克，占耕地面积为 60.8％；40～60 毫克/千克，占耕地面积为 18.9％；20～40 毫克/千克，占耕地面积为 18.8％；10～20 毫克/千克，占耕地面积为 2.8％；小于 10 毫克/千克，在耕地面积中没有（表 4 - 23）。与 20 世纪 80 年代开展的第二次土壤普查调查结果比较，土壤有效磷的分布也发生了相应的变化。第二次土壤普查时，耕地土壤有效磷主要集中在 10～20 毫克/千克的 4 级，占耕地总面积的 75.3％（图 4 - 9）。

表 4 - 23　风景区土壤有效磷含量分级

项　目	一级	二级	三级	四级
有效磷（毫克/千克）	>60	40～60	20～40	10～20
面　积（公顷）	9 135.71	2 636.67	2 830.74	428.27
占土壤总面积（%）	59.5	18.90	18.80	2.80

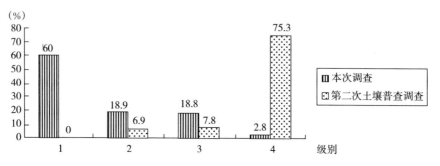

图 4 - 9　第二次土壤普查时与本次调查有效磷面积频率关系

土壤有效磷含量分级见表 4 - 24；五大连池风景区土类有效磷含量分级见表 4 - 25；五大连池风景区土种有效磷含量分级见表 4 - 26。

表 4 - 24　土壤有效磷含量分级

项　目	面积（公顷）	一级		二级		三级		四级		五级	
		面积（公顷）	占本土类（%）	面积（公顷）	占本土类（%）	面积（公顷）	占本土类（%）	面积（公顷）	占本土类（%）	面积（公顷）	占本土类（%）
国有农场	7 070.53	4 608.92	65.18	823.30	11.64	1 514.68	21.42	123.63	1.75	0	0
林　业	2 322.12	135.38	5.83	855.59	36.84	1 034.82	44.56	296.33	12.72	0	0
五大连池镇	7 038.45	5 671.83	80.58	1 036.17	14.72	322.14	4.58	8.31	0.12	0	0
合　计	16 431.1	10 416.13	63.39	2 715.06	16.52	2 871.64	17.48	428.27	2.61	0	0

表 4 - 25　五大连池风景区土类有效磷含量分级

土　类	面积（公顷）	一级		二级		三级		四级	
		面积（公顷）	占本土类（%）	面积（公顷）	占本土类（%）	面积（公顷）	占本土类（%）	面积（公顷）	占本土类（%）
黑　土	12 822.50	8 899.84	69.41	1 397.69	10.90	2 104.38	16.41	420.59	3.28
暗棕壤	1 234.21	136.80	11.08	671.24	54.39	418.49	33.9	7.68	0.62
新积土	1 731.15	941.64	54.39	596.16	34.44	193.35	11.17	0	0
沼泽土	77.50	55.97	72.22	21.53	27.78	0	0	0	0
草甸土	565.74	381.88	67.50	28.44	5.03	155.42	27.47	0	0

表 4 - 26　五大连池风景区土种有效磷含量分级

土　类	面积 (公顷)	一级		二级		三级		四级	
		面积 (公顷)	占本土类 (%)	面积 (公顷)	占本土类 (%)	面积 (公顷)	占本土类 (%)	面积 (公顷)	占本土类 (%)
黑　土	11 820.73	8 899.84	75.29	1 397.69	11.82	2 104.38	17.80	420.59	3.56
暗棕壤	1 212	136.80	11.29	671.24	55.39	418.49	34.53	7.68	0.63
新积土	1 355.61	941.64	69.46	596.16	43.98	193.35	14.26	0	0
沼泽土	77.50	55.97	72.22	21.53	27.78	0	0	0	0
草甸土	565.74	381.88	67.50	28.44	5.03	155.42	27.47	0	0

本次调查表明，耕地有效磷平均为 79.52 毫克/千克，变化幅度为 16.73～274.5 毫克/千克。其中，草甸土含量最高，平均为 114.58 毫克/千克；沼泽土含量其次，平均为 94.68 毫克/千克；暗棕壤最低，平均为 57.59 毫克/千克（表 4 - 27）。从行政区域看，五大连池镇最高，为 88.81 毫克/千克；其次是国有农场，为 82.26 毫克/千克；最低是林业，为 47.76 毫克/千克（表 4 - 28）。与第二次土壤普查的调查结果（第二次土壤普查为 15.6 毫克/千克）进行比较，耕地磷素状况大幅度上升，增加 77.68%。

表 4 - 27　各土壤类型耕层有效磷统计

单位：毫克/千克

项　目	暗棕壤	草甸土	沼泽土	新积土	黑　土
平均值	57.59	114.58	94.68	75.61	82.96
最大值	174.35	242.8	177.57	274.5	242.8
最小值	16.73	31.72	54.92	33.41	16.73

表 4 - 28　土壤耕层有效磷分析统计

单位：毫克/千克

项　目	平均值	变化值
国有农场	82.26	16.73～242.8
林　业	47.76	16.73～152.45
五大连池镇	88.81	18.04～274.5
合　计	79.52	16.73～274.5

第二次土壤普查与本次调查各土类有效磷对比关系见图 4 - 10。

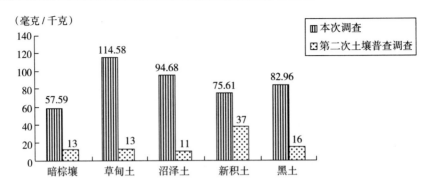

图4-10 第二次土壤普查与本次调查各土类有效磷对比关系

2009年各土类有效磷变化情况见图4-11。各土类有效磷含量见表4-29。

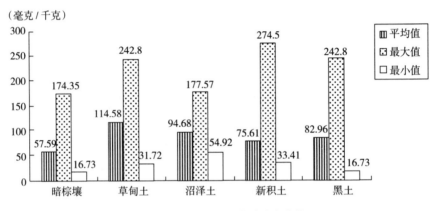

图4-11 2009年各土类有效磷变化情况

表4-29 各土种有效磷含量统计

单位：毫克/千克

土壤名称	样本数	平均含量	最大值	最小值
薄层黄土质黑土	181	83.59	242.8	16.73
黄土质草甸暗棕壤	66	58.44	174.35	16.73
薄层砾质冲积土	35	75.6	274.5	33.41
泥质暗棕壤	8	53.76	72.2	34.26
泥沙质暗棕壤	1	31.71	31.72	31.72
中层黄土质草甸黑土	12	73.42	169.73	21.68
薄层黏质草甸沼泽土	9	94.68	177.57	54.92
中层黏质草甸土	28	114.59	242.8	31.72

五、土壤速效钾

土壤速效钾是指水溶性钾和黏土矿物晶体外表面吸持的交换性钾。这一部分钾素可以被植物直接吸收利用，对植物生长及其品质起着重要作用。土壤速效钾含量水平的高低反映了土壤供钾能力的程度，是土壤质量的主要指标。

本次调查，按照含量分级数字出现频率分析，五大连池风景区土壤速效钾含量大于200毫克/千克的一级占18.2%，含量为150~200毫克/千克的二级占41%，含量为100~150毫克/千克的三级占26.9%，含量为50~100毫克/千克的四级占6.9%，含量为30~50毫克/千克的五级占4.6%，含量小于30毫克/千克的六级占2.4%（表4-30、图4-12）。土壤速效钾含量分级见表4-31，土类速效钾含量分级见表4-32，土种速效钾含量分级见表4-33。

本次调查的705个样本中，在某种程度上100~200毫克/千克的占67.9%。与20世纪80年代开展的第二次土壤普查调查结果比较，土壤速效钾的分布也发生了相应的变化（图4-13）。第二次土壤普查时，耕地土壤速效钾主要集中在150毫克/千克以上的一级、二级，占耕地总面积的90%以上。

表4-30　风景区土壤速效钾含量分级

项　　目	一级	二级	三级	四级	五级	六级
速效钾（毫克/千克）	>200	150~200	100~150	50~100	30~50	≤30
面积（公顷）	2 996.8	6 748.33	4 406.25	1 139.98	749.42	390.32
占土壤总面积（%）	18.2	41	26.9	6.9	4.6	2.4

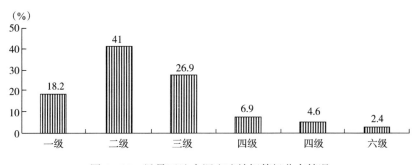

图4-12　风景区地力调查速效钾等级分布情况

这说明，由于连年施肥的不合理和有机肥施用量减少，再加上喜钾作物的大面积种植和磷肥氮肥的重施，使土壤速效钾含量大幅度下降。近几年，随着粮食产量的大幅度提高，五大连池风景区耕地土壤施用钾肥有效面积逐步扩大，应增加钾肥施用量。

表 4 - 31　土壤速效钾含量分级

项目	耕地面积(公顷)	一级 面积(公顷)	一级 占本土类(%)	二级 面积(公顷)	二级 占本土类(%)	三级 面积(公顷)	三级 占本土类(%)	四级 面积(公顷)	四级 占本土类(%)	五级 面积(公顷)	五级 占本土类(%)	六级 面积(公顷)	六级 占本土类(%)
国有农场	7 070.53	522.22	7.39	3 871.54	54.76	1 789.32	25.31	594.34	8.41	90.01	1.27	203.10	2.87
林业	2 322.12	1 619.04	69.72	552.23	23.78	109.62	4.72	41.23	1.78	0	0	0	0
五大连池镇	7 038.45	855.54	12.16	2 324.56	33.03	2 507.31	35.62	504.41	7.17	659.41	9.37	187.22	2.66
合　计	16 431.1	2 996.80	18.24	6 748.33	41.07	4 406.25	26.82	1 139.98	6.94	749.42	4.56	390.32	2.37

表 4 - 32　五大连池风景区土类速效钾含量分级

土类	耕地面积(公顷)	一级 面积(公顷)	一级 占本土类(%)	二级 面积(公顷)	二级 占本土类(%)	三级 面积(公顷)	三级 占本土类(%)	四级 面积(公顷)	四级 占本土类(%)	五级 面积(公顷)	五级 占本土类(%)	六级 面积(公顷)	六级 占本土类(%)
黑土	12 822.50	1 736.21	13.54	5 640.66	43.99	3 627.57	28.29	1 064.12	8.30	498.16	3.88	255.78	1.99
暗棕壤	1 234.21	463.44	37.55	507.55	41.12	140.50	11.38	75.86	6.15	5.87	0.48	40.99	3.32
新积土	1 731.15	682.99	39.45	77.36	4.47	631.86	36.50	0	0	245.39	14.17	93.55	5.40
沼泽土	77.50	12.29	15.86	62.75	80.97	2.46	3.17	0	0	0	0	0	0
草甸土	565.74	101.87	18	460.01	81.31	3.86	0.68	0	0	0	0	0	0

表 4 - 33　五大连池风景区土种速效钾含量分级

土　种	耕地面积(公顷)	一级 面积(公顷)	一级 占本土种(%)	二级 面积(公顷)	二级 占本土种(%)	三级 面积(公顷)	三级 占本土种(%)	四级 面积(公顷)	四级 占本土种(%)	五级 面积(公顷)	五级 占本土种(%)	六级 面积(公顷)	六级 占本土种(%)
薄层黄土质黑土	12 765.71	1 709.96	13.39	5 636.77	44.16	3 607.49	28.26	1 063.46	8.33	497.76	3.90	250.27	1.96
黄土质草甸暗棕壤	1 180.04	456.84	38.71	466.58	39.54	133.90	11.35	75.86	6.43	5.87	0.50	40.99	3.47
薄层砾质冲积土	1 731.15	682.99	39.45	77.36	4.47	631.86	36.50	0	0	245.39	14.17	93.55	5.40
泥质暗棕壤	52.80	6.60	12.50	39.60	75.00	6.60	12.50	0	0	0	0	0	0
泥沙质暗棕壤	1.37	0	0	1.37	100.00	0	0	0	0	0	0	0	0
中层黄土质草甸沼泽土	56.79	26.25	46.22	3.89	6.85	20.08	35.36	0.66	1.16	0.40	0.70	5.51	9.70
薄层黄质黏质草甸沼泽土	77.50	12.29	15.86	62.75	80.97	2.46	3.17	0	0	0	0	0	0
中层黏质草甸土	565.74	101.87	18.01	460.01	81.31	3.86	0.68	0	0	0	0	0	0

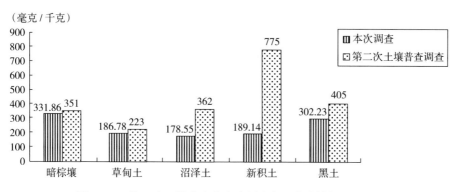

图4-13　第二次土壤普查和本次调查各土类速效钾对比关系

调查表明，五大连池风景区速效钾平均在163.8毫克/千克，变化幅度为5～366毫克/千克。从乡（镇）来看，林业最高为196.8毫克/千克，其次是国有农场为167.2毫克/千克，五大连池镇最低为149.3毫克/千克（表4-34）。从土类上看，新积土最高，平均为189.14毫克/千克；其次为草甸土和沼泽土，平均为186.79和178.56毫克/千克；最低为暗棕壤，平均为156.15毫克/千克（表4-35）。从土种上看，薄层砾质冲积土速效钾含量最高，为189.14毫克/千克；其次为中层黏质草甸土和薄层黏质草甸沼泽土，分别为186.79毫克/千克和178.55毫克/千克；中层黄土质草甸黑土最低，为143.08毫克/千克（表4-36）。与第二次土壤普查的调查结果（第二次土壤普查数据为393.2毫克/千克）进行比较，耕地速效钾状况大幅度下降，下降了58.32%。

表4-34　耕层速效钾含量分析统计

单位：毫克/千克

项　　目	平均值	变化值
五大连池镇	149.3	5～366
国有农场	167.2	20～299
林　　业	196.8	80～366
合　　计	163.88	5～366

表4-35　各土壤类型耕层速效钾含量统计

单位：毫克/千克

项　　目	暗棕壤	草甸土	沼泽土	新积土	黑　土
平均值	156.15	186.79	178.56	189.14	158.15
最大值	299.00	223.00	218.00	366.00	302.00
最小值	5.00	20.00	18.00	132.00	140.00

表 4-36　各土种速效钾含量统计

单位：毫克/千克

土壤名称	样本数	平均含量	最大值	最小值
薄层黄土质黑土	181	159.15	299	5
黄土质草甸暗棕壤	66	153.53	299	20
薄层砾质冲积土	35	189.14	366	18
泥质暗棕壤	8	178.00	248.00	136
泥沙质暗棕壤	1	181	181	181
中层黄土质草甸黑土	12	143.08	302	29
薄层黏质草甸沼泽土	9	178.55	218	132
中层黏质草甸土	28	186.79	223	140

六、土壤全钾

土壤全钾是土壤中各种形态钾的总量，缓效钾的不断释放可以使速效钾维持在适当的水平。当评价土壤的长期供钾能力时，应主要考虑土壤全钾的含量。

调查表明，五大连池风景区耕地土壤全钾含量平均为 18.97 克/千克，变化幅度为 11.52～47.01 克/千克。从行政区域上看，五大连池镇最高，平均为 20.5 克/千克；其次是国有农场，平均为 18.1 克/千克；林业最低，平均为 16.62 克/千克（表 4-37）。从土壤类型上看，黑土最高，平均为 45.62 克/千克；其次为暗棕壤，平均为 35.25 克/千克；最低为新积土，平均为 18.6 克/千克（表 4-40）。

表 4-37　耕层全钾分析统计

单位：克/千克

项　目	平均值	变化值
五大连池镇	20.50	11.52～47.01
国有农场	18.10	13.63～24.45
林　业	16.62	12.96～24.45
合　计	18.97	11.52～47.01

表 4-38　土壤类型耕层全钾统计

单位：克/千克

项　目	暗棕壤	草甸土	沼泽土	新积土	黑　土
平均值	35.25	18.07	24.20	17.88	45.62
最大值	48.87	21.16	28.70	47.01	80.10
最小值	25.14	15.46	18.60	13.00	27.50

2009 年各土类全钾含量变化情况见图 4-14，第二次土壤普查与本次调查各土类全钾对比关系见图 4-15，各土种全钾统计表见表 4-39。

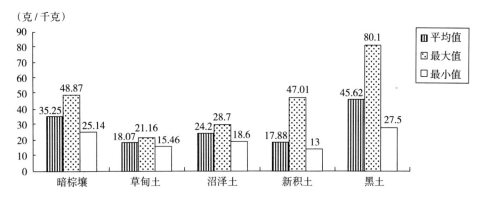

图 4 - 14　2009 年各土类全钾含量变化情况

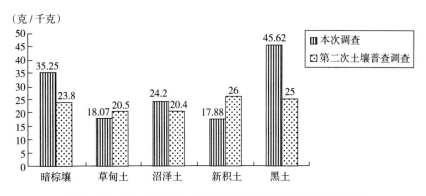

图 4 - 15　第二次土壤普查与本次调查各土类全钾对比关系

表 4 - 39　风景区土壤全钾含量分级

项　目	一级	二级	三级	四级	五级	六级
全钾（克/千克）	＞30	25～30	20～25	15～20	10～15	≤10
面积（公顷）	540.96	667.26	1 573.81	12 427.96	1 221.11	0
占土壤总面积（％）	3.30	4.06	9.50	75.64	7.43	0

表 4 - 40　各土种全钾统计

单位：毫克/千克

土壤名称	样本数	平均含量	最大值	最小值
薄层黄土质黑土	181	19.04	33.17	11.52
黄土质草甸暗棕壤	66	17.83	24.45	11.52
薄层砾质冲积土	35	17.89	47.00	12.96
泥质暗棕壤	8	17.36	24.42	13.63
泥沙质暗棕壤	1	17.87	17.87	17.87
中层黄土质草甸黑土	12	26.58	47.00	15.97
薄层黏质草甸沼泽土	9	24.19	28.7	18.60
中层黏质草甸土	28	18.07	21.17	15.46

表 4 - 41　土壤全钾含量分级

项目	耕地面积(公顷)	一级 面积(公顷)	一级 占本土类(%)	二级 面积(公顷)	二级 占本土类(%)	三级 面积(公顷)	三级 占本土类(%)	四级 面积(公顷)	四级 占本土类(%)	五级 面积(公顷)	五级 占本土类(%)
国有农场	7 070.53	0	0	0	0	658.78	9.32	5 879.77	83.16	531.98	7.52
林业	2 322.12	0	0	0	0	54.90	2.36	1 783.93	76.82	483.29	20.81
五大连池镇	7 038.45	540.96	7.69	667.26	9.48	860.13	12.22	4 764.26	67.69	205.84	2.92
合计	16 431.1	540.96	3.30	667.26	4.06	1 573.81	9.50	12 427.96	75.64	1 221.11	7.43

表 4 - 42　五大连池风景区土类全钾含量分级

土类	耕地面积(公顷)	一级 面积(公顷)	一级 占本土类(%)	二级 面积(公顷)	二级 占本土类(%)	三级 面积(公顷)	三级 占本土类(%)	四级 面积(公顷)	四级 占本土类(%)	五级 面积(公顷)	五级 占本土类(%)
黑土	12 822.50	530.16	4.13	570.91	4.45	1 369.74	10.68	9 514.24	74.2	837.45	6.53
暗棕壤	1 234.21	0	0	0	0	133.15	10.79	907.21	73.51	193.85	15.71
新积土	1 731.15	10.80	0.62	63.04	3.64	0.37	0.02	1 467.13	84.75	189.81	10.96
沼泽土	77.50	0	0	33.31	42.98	35.41	45.69	8.78	11.33	0	0
草甸土	565.74	0	0	0	0	35.14	6.21	530.6	93.79	0	0

表 4 - 43　五大连池风景区土种全钾含量分级

土种	耕地面积(公顷)	一级 面积(公顷)	一级 占本土种(%)	二级 面积(公顷)	二级 占本土种(%)	三级 面积(公顷)	三级 占本土种(%)	四级 面积(公顷)	四级 占本土种(%)	五级 面积(公顷)	五级 占本土种(%)
薄层黄土质黑土	12 765.71	504.88	3.95	569.62	4.46	1 349.80	10.57	9 503.96	74.45	837.45	6.56
黄土质草甸暗棕壤	1 180.04	0	0	0	0	119.95	10.16	886.04	75.09	174.05	14.75
薄层砾质棕壤冲积土	1 731.15	10.80	0.62	63.04	3.64	0.37	0.02	1 467.13	84.75	189.81	10.96
泥沙质暗棕壤	52.80	0	0	0	0	13.20	25.00	19.80	37.50	19.80	37.50
泥炭质暗棕壤	1.37	0	0	0	0	0	0	1.37	100	0	0
中层黄土质草甸黑土	56.79	25.28	44.51	1.29	2.27	19.94	35.11	10.28	18.10	0	0
薄层黏质草甸沼泽土	77.50	0	0	33.31	42.98	35.41	45.69	8.78	11.33	0	0
中层黏质草甸土	565.74	0	0	0	0	35.14	6.21	530.60	93.79	0	0

调查表明，从五大连池风景区耕地土壤全钾分级分布上看，有 5 个等级，主要集中在四级，占总面积的 75.64%。各级别分布依次为大于 30 毫克/千克占耕地面积 3.30%，25~30 毫克/千克占耕地面积的 4.06%，20~25 毫克/千克占总耕地面积的 9.5%，15~20 毫克/千克占总耕地面积的 75.64%，10~15 毫克/千克占 7.43%，小于 10 毫克/千克无分布（表 4-40）。

土壤全钾含量分级见表 4-41，土类全钾含量分级见表 4-42，土种全钾含量分级见表 4-43，各类土壤耕层全钾分级面积见表 4-44。

表 4-44 各类土壤耕层全钾分级面积统计

土类	面积	一级	二级	三级	四级	五级
黑土	11 820.73	530.16	570.91	1 311.42	8 570.79	837.45
暗棕壤	1 211.81	0	0	110.75	907.21	193.85
新积土	1 355.61	10.80	63.04	0.37	1 091.59	189.81
沼泽土	77.5	0	33.31	35.41	8.78	0
草甸土	565.74	0	0	35.14	530.60	0

七、土壤全磷

调查表明，五大连池风景区耕地土壤全磷平均为 0.97 克/千克，变化幅度在 0.26~1.5 克/千克。从行政区域上看，国有农场最高，平均为 1.02 克/千克；其次是五大连池镇，平均为 1 克/千克；林业最低，平均为 0.79 克/千克（表 4-45）。从土壤类型上看，暗棕壤最高，平均为 1.03 克/千克；其次是黑土，平均为 1.0 克/千克（表 4-46）。

表 4-45 耕层土壤全磷分析统计

单位：克/千克

项目	平均值	变化值
国有农场	1.02	0.79~1.36
林业	0.79	0.26~1.23
五大连池镇	1	0.26~1.5
合计	0.97	0.26~1.5

表 4-46 各土壤类型耕层全磷统计

单位：克/千克

项目	暗棕壤	草甸土	沼泽土	新积土	黑土
平均值	1.03	0.99	0.93	0.71	1.0
最大值	1.36	1.09	1.23	1.17	1.5
最小值	0.27	0.83	0.78	0.26	0.28

2009 年各土类全磷变化情况见图 4-16，第二次土壤普查与本次调查各土类全磷对比

关系见图 4-17。

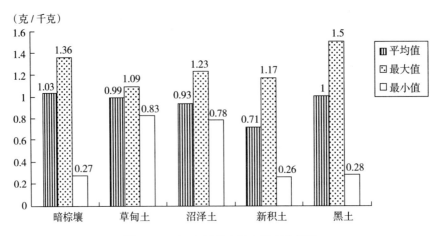

图 4-16 2009 年各土类全磷变化情况

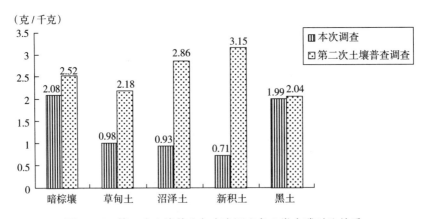

图 4-17 第二次土壤普查与本次调查各土类全磷对比关系

调查表明，从五大连池风景区耕地土壤全磷分级分布上看，有 3 个等级，主要集中在四级和五级，占总面积的 97.27%。各级别分布依次为：土壤全磷含量为 1～1.5 克/千克的三级占耕地面积的 57.6%，土壤全磷含量为 0.5～1 克/千克的四级占耕地面积 40%，土壤全磷含量为小于 0.5 克/千克的五级占 2.7%（表 4-47）。

表 4-47 五大连池风景区土壤全磷含量分级

项　　目	一级	二级	三级	四级	五级
全磷（克/千克）	>2	1.5～2	1～1.5	0.5～1	<0.5
面积（公顷）	0	0	9 467.58	6 514.84	448.68
占土壤总面积（%）	0	0	57.6	40	2.7

乡（镇）全磷含量分级见表 4-48，土类全磷含量分级见表 4-49，土种全磷含量分级见表 4-50，各土种全磷含量统计见表 4-51。

表4-48 土壤全磷含量分级

项目	耕地面积(公顷)	一级 面积(公顷)	一级 占本土类(%)	二级 面积(公顷)	二级 占本土类(%)	三级 面积(公顷)	三级 占本土类(%)	四级 面积(公顷)	四级 占本土类(%)	五级 面积(公顷)	五级 占本土类(%)
国有农场	7 070.53	0	0	0	0	4 809.20	68.08	2 261.33	31.98	0	0
林 业	2 322.12	0	0	0	0	605.63	26.08	1 268.24	54.62	448.25	19.30
五大连池镇	7 038.45	0	0	0	0	4 052.75	57.58	2 985.27	42.41	0.43	0.01
合 计	16 431.1	0	0	0	0	9 467.58	57.62	6 514.84	39.65	448.68	2.73

表4-49 五大连池风景区土类全磷含量分级

土 类	耕地面积(公顷)	一级 面积(公顷)	一级 占本土类(%)	二级 面积(公顷)	二级 占本土类(%)	三级 面积(公顷)	三级 占本土类(%)	四级 面积(公顷)	四级 占本土类(%)	五级 面积(公顷)	五级 占本土类(%)
黑 土	12 822.50	0	0	0	0	7 713.37	60.15	4 865.42	37.94	243.71	1.90
暗棕壤	1 234.21	0	0	0	0	753.05	61.01	430.96	34.92	50.20	4.07
新积土	1 731.15	0	0	0	0	655.69	37.88	920.69	53.18	154.77	8.94
沼泽土	77.50	0	0	0	0	25.30	32.64	52.20	67.35	0	0
草甸土	565.74	0	0	0	0	320.17	56.59	245.57	43.41	0	0

表4-50 五大连池风景区土种全磷含量分级

土 种	耕地面积(公顷)	一级 面积(公顷)	一级 占本土种(%)	二级 面积(公顷)	二级 占本土种(%)	三级 面积(公顷)	三级 占本土种(%)	四级 面积(公顷)	四级 占本土种(%)	五级 面积(公顷)	五级 占本土种(%)
薄层黄土质黑土	12 765.71	0	0	0	0	7 701.05	60.33	4 820.95	37.76	243.71	1.91
黄土质草甸暗棕壤	1 180.04	0	0	0	0	713.45	60.46	416.39	35.29	50.20	4.25
薄层砾质冲积土	1 731.15	0	0	0	0	655.69	37.88	920.69	53.18	154.77	8.94
泥沙质暗棕壤	52.80	0	0	0	0	39.60	75.00	13.20	25.00	0	0
泥沙质暗棕壤	1.37	0	0	0	0	0	0	1.37	100	0	0
中层黄土质草甸黑土	56.79	0	0	0	0	12.32	21.69	44.47	78.31	0	0
薄层黏质草甸沼泽土	77.50	0	0	0	0	25.30	32.65	52.20	67.35	0	0
中层黏质草甸土	565.74	0	0	0	0	320.17	56.59	245.57	43.41	0	0

表 4-51 各土种全磷含量统计

单位: 毫克/千克

土壤名称	样本数	平均含量	最大值	最小值
薄层黄土质黑土	181	997.45	1 357.24	278.37
黄土质草甸暗棕壤	66	1 025.51	1 269.18	272.28
薄层砾质冲积土	35	719.73	1 172.64	257.48
泥质暗棕壤	8	1 072.64	1 357.24	752.47
泥沙质暗棕壤	1	943.04	943.04	943.04
中层黄土质草甸黑土	12	998.43	1 495.35	708.61
薄层黏质草甸沼泽土	9	932.92	1 233.73	708.16
中层黏质草甸土	28	986.71	1 085.47	826.38

第二节 土壤微量元素

土壤微量元素是人们依据各种化学元素在土壤中存在的数量划分的一部分含量很低的元素。微量元素与其他大量元素一样,在植物生理功能上是同等重要的,并且是不可相互替代的。在土壤养分库中,微量元素的不足也会影响作物的生长、产量和品质。因此,土壤中微量元素的多少也是耕地地力的重要指标。

一、土壤有效锌

锌是农作物生长发育不可缺少的微量营养元素,在缺锌土壤上容易发生玉米"花白苗"和水稻赤枯病。因此,土壤有效锌是影响作物产量和质量的重要因素。

调查表明,耕地土壤有效锌含量平均为 0.8 毫克/千克,变化幅度为 0.48～1.48 毫克/千克。耕层有效锌含量分析统计见表 4-52。各土壤类型耕层有效锌含量见表 4-53。各土种有效锌含量见表 4-54。2009 年风景区各土类有效锌变化情况见图 4-19。根据本次土壤普查分级标准(表 4-55),并按照调查样本有效锌含量分级数字出现频率分析,在 340 个图斑中五大连池风景区 3 个乡(镇)均小于 1.5 毫克/千克,总体上在临界值区间,有少量缺锌地块。平均含量较高的是五大连池镇,为 0.8 毫克/千克。2009 年风景区地力调查有效锌等级分布见图 4-18。

表 4-52 耕层有效锌分析统计

单位: 毫克/千克

项 目	平均值	变化值
五大连池镇	0.8	0.53～1.47
国有农场	0.78	0.46～1.47
林 业	0.78	0.46～1.37
合 计	0.8	0.46～1.48

表 4 - 53 各土壤类型耕层有效锌统计

单位：毫克/千克

项 目	暗棕壤	草甸土	沼泽土	新积土	黑 土
平均值	0.84	0.82	0.69	0.77	0.78
最大值	1.48	1.02	0.89	1.28	1.37
最小值	0.47	0.65	0.46	0.58	0.49

表 4 - 54 各土种有效锌统计

单位：毫克/千克

土壤名称	样本数	平均含量	最大值	最小值
薄层黄土质黑土	181	0.78	1.37	0.49
黄土质草甸暗棕壤	66	0.81	1.48	0.47
薄层砾质冲积土	35	0.77	1.28	0.58
泥质暗棕壤	8	1.07	1.28	0.91
泥沙质暗棕壤	1	0.86	0.86	0.86
中层黄土质草甸黑土	12	0.9	1.1	0.57
薄层黏质草甸沼泽土	9	0.69	0.89	0.46
中层黏质草甸土	28	0.82	1.02	0.65

表 4 - 55 风景区土壤有效锌含量分级

项 目	一级	二级	三级	四级	五级
有效锌（毫克/千克）	>2	1.5～2	1～1.5	0.5～1	≤0.5
面积（公顷）	0	0	941.52	15 459.27	30.31
占土壤总面积（%）	0	0	5.73	94.09	0.18

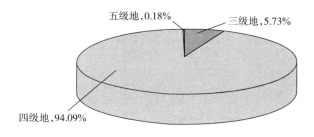

图 4 - 18 2009 年风景区地力调查有效锌等级分布情况

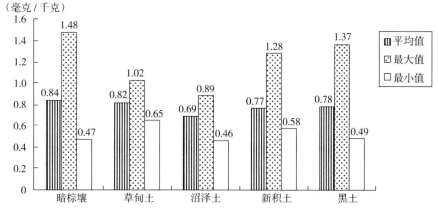

图 4 - 19 2009 年风景区各土类有效锌变化情况

表 4 - 56 土壤有效锌含量分级

土壤	耕地面积(公顷)	一级 面积(公顷)	一级 占本土类(%)	二级 面积(公顷)	二级 占本土类(%)	三级 面积(公顷)	三级 占本土类(%)	四级 面积(公顷)	四级 占本土类(%)	五级 面积(公顷)	五级 占本土类(%)
国有农场	7 070.53	0	0	0	0	382.31	16.84	6 688.22	83.16	0	0
林 业	2 322.12	0	0	0	0	66.06	22.43	2 238.61	76.82	17.45	0.75
五大连池镇	7 038.45	0	0	0	0	493.15	32.13	6 532.44	67.69	12.86	0.18
合 计	16 431.1	0	0	0	0	941.52	5.73	15 459.27	94.09	30.31	0.18

表 4 - 57 五大连池风景区土类有效锌含量分级

土类	耕地面积(公顷)	一级 面积(公顷)	一级 占本土类(%)	二级 面积(公顷)	二级 占本土类(%)	三级 面积(公顷)	三级 占本土类(%)	四级 面积(公顷)	四级 占本土类(%)	五级 面积(公顷)	五级 占本土类(%)
黑 土	12 822.50	0	0	0	0	694.88	5.42	12 127.36	94.58	0.26	0.002 0
暗棕壤	1 234.21	0	0	0	0	231.60	18.76	985.16	79.82	17.45	1.41
新积土	1 731.15	0	0	0	0	12.18	0.70	1 718.97	99.3	0	0
沼泽土	77.50	0	0	0	0	0	0	64.9	83.74	12.6	16.26
草甸土	565.74	0	0	0	0	2.86	0.51	562.88	99.49	0	0

表 4 - 58 五大连池风景区土种有效锌含量分级

土 种	耕地面积(公顷)	一级 面积(公顷)	一级 占本土种(%)	二级 面积(公顷)	二级 占本土种(%)	三级 面积(公顷)	三级 占本土种(%)	四级 面积(公顷)	四级 占本土种(%)	五级 面积(公顷)	五级 占本土种(%)
薄层黄土质黑土	12 765.71	0	0	0	0	688.04	5.39	12 077.41	94.61	0.26	0
黄土质草甸暗棕壤	1 180.04	0	0	0	0	198.60	16.83	963.99	81.69	17.45	1.48
薄层砾质冲积土	1 731.15	0	0	0	0	12.18	0.70	1 718.97	99.30	0	0
泥质暗棕壤	52.80	0	0	0	0	33.00	62.50	19.80	37.50	0	0
泥沙质暗棕壤	1.37	0	0	0	0	0	0	1.37	100.00	0	0
中层黄土质草甸黑土	56.79	0	0	0	0	6.84	12.04	49.95	87.96	0	0
薄层黏质黏质沼泽土	77.50	0	0	0	0	0	0	64.90	83.74	12.60	16.26
中层黏质草甸土	565.74	0	0	0	0	2.86	0.51	562.88	99.49	0	0

土壤有效锌含量分级见表 4-56，各土类有效锌含量分级见表 4-57，各土种有效锌含量分级见表 4-58。

二、土壤有效铁

铁参与植物体呼吸作用和代谢活动，又为合成叶绿体所必需。因此，作物缺铁会导致叶失绿，严重地甚至枯萎死亡。

调查表明，五大连池风景区耕地有效铁平均为 28.2 毫克/千克，变化值为 23.08～103.54 毫克/千克（表 4-59）。根据土壤有效铁的分级标准，土壤有效铁含量≤2 毫克/千克为严重缺铁（低）；2～3 毫克/千克为基本不缺铁（中等）；3～4.5 毫克/千克为丰铁（高）；＞4.5 毫克/千克为极丰（很高）（表 4-60）。在 705 个调查样本中，所有地块土壤都在不缺铁范围，即 4.5 毫克/千克以上，说明耕地土壤有效铁极丰富。其中，五大连池镇平均含量最高，为 29.95 毫克/千克；其次是林业，为 26.73 毫克/千克；国有农场最低，为 26.68 毫克/千克。

表 4-59　耕层有效铁分析统计

单位：毫克/千克

项　目	平均值	变化值
五大连池镇	29.95	23.08～103.53
国有农场	26.68	26.18～28.09
林　业	26.73	26.16～28.09
合　计	28.2	23.08～103.54

表 4-60　土壤有效铁含量分级

项　目	一级	二级	三级	四级
有效铁（毫克/千克）	＞4.5	3～4.5	2～3	≤2
面积（公顷）	16 431.1	0	0	0
占土壤总面积（%）	100	0	0	0

各土壤类型耕层有效铁含量见表 4-61，各土种有效铁含量见表 4-62。

表 4-61　各土壤类型耕层有效铁含量统计

单位：毫克/千克

项　目	暗棕壤	草甸土	沼泽土	新积土	黑土
平均值	26.98	26.61	37.62	27.67	28.57
最大值	29.11	27.18	91.93	41.32	103.54
最小值	26.16	26.18	23.07	26.24	25.38

表4-62 各土种有效铁含量统计

单位：毫克/千克

土壤名称	样本数	平均含量	最大值	最小值
薄层黄土质黑土	181	28.2	103.54	25.38
黄土质草甸暗棕壤	66	27.01	29.11	26.16
薄层砾质冲积土	35	27.67	41.33	26.25
泥质暗棕壤	8	26.70	26.78	26.63
泥沙质暗棕壤	1	26.83	26.83	26.83
中层黄土质草甸黑土	12	34.15	68.38	25.61
薄层黏质草甸沼泽土	9	37.62	91.94	23.08
中层黏质草甸土	28	26.62	27.18	26.18

2009年风景区各土类有效铁变化情况见图4-20。

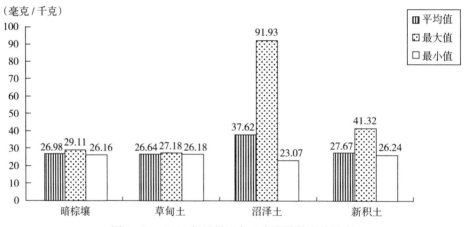

图4-20 2009年风景区各土类有效铁变化情况

土壤有效铁含量分级见表4-63，土类有效铁含量分级见表4-64，土种有效铁含量分级见表4-65。

表4-63 土壤有效铁含量分级

项 目	耕地面积（公顷）	一级		二级		三级	
		面积（公顷）	占本土类（%）	面积（公顷）	占本土类（%）	面积（公顷）	占本土类（%）
国有农场	7 070.53	7 070.53	100	0	0	0	0
林业	2 322.12	2 322.12	100	0	0	0	0
五大连池镇	7 038.45	7 038.45	100	0	0	0	0
合计	16 431.1	16 431.1	100	0	0	0	0

表 4 - 64　五大连池风景区土类有效铁含量分级

土　类	耕地面积（公顷）	一级		二级		三级	
		面积（公顷）	占本土类（%）	面积（公顷）	占本土类（%）	面积（公顷）	占本土类（%）
黑　土	12 822.50	12 822.50	100	0	0	0	0
暗棕壤	1 234.21	1 234.21	100	0	0	0	0
新积土	1 731.15	1 731.15	100	0	0	0	0
沼泽土	77.50	77.50	100	0	0	0	0
草甸土	565.74	565.74	100	0	0	0	0

表 4 - 65　五大连池风景区土种有效铁含量分级

土　种	耕地面积（公顷）	一级		二级		三级	
		面积（公顷）	占本土种（%）	面积（公顷）	占本土种（%）	面积（公顷）	占本土种（%）
薄层黄土质黑土	12 765.71	12 765.71	100	0	0	0	0
黄土质草甸暗棕壤	1 180.04	1 180.04	100	0	0	0	0
薄层砾质冲积土	1 731.15	1 731.15	100	0	0	0	0
泥质暗棕壤	52.80	52.80	100	0	0	0	0
泥沙质暗棕壤	1.37	1.37	100	0	0	0	0
中层黄土质草甸黑土	56.79	56.79	100	0	0	0	0
薄层黏质草甸沼泽土	77.50	77.50	100	0	0	0	0
中层黏质草甸土	565.74	565.74	100	0	0	0	0

三、土壤有效锰

　　锰是植物生长和发育的必需营养元素之一。它在植物体内直接参与光合作用，也是植物许多酶的重要组成部分。不仅影响植物组织中生长素的水平，还参与硝酸还原成氨的作用等。本次对土壤有效锰的调查结果显示，五大连池风景区耕地有效锰平均值为 28.12 毫克/千克，变化幅度为 12.17～78.05 毫克/千克。根据土壤有效锰的分级标准，土壤有效锰的临界值为 5.0 毫克/千克（严重缺锰），10～15 毫克/千克为丰富，大于 15 毫克/千克为极丰富（表 4 - 66）。调查表明，全区耕地均没有缺锰现象，达到丰富以上。从行政区域上看，五大连池镇土壤有效锰含量最高，为 31.70 毫克/千克（表4 - 67）。从土壤类型上看，沼泽土最高，为 50.01 毫克/千克（表 4 - 68）。从等级面积分布上看，主要集中在＞15毫克/千克的一级上，面积为 15 536.84 公顷，占耕地总面积的 94.6%（表 4 - 66）。

表4-66 土壤有效锰含量分级

项　目	一级	二级	三级	四级	五级
有效锰（毫克/千克）	>15	10～15	7.5～10	5～7.5	≤5
面积（公顷）	15 536.84	894.26	0	0	0
占土壤总面积（%）	94.6	5.4	0	0	0

表4-67 耕层有效锰分析统计

单位：毫克/千克

项　目	平均值	变化值
五大连池镇	31.70	12.17～78.05
国有农场	23.60	12.17～77.40
林　业	28.10	14.20～76.09
合　计	28.12	12.17～78.05

表4-68 土壤类型耕层有效锰统计

单位：毫克/千克

项　目	暗棕壤	草甸土	沼泽土	新积土	黑土
平均值	29.22	23.42	50.01	25.37	27.85
最大值	76.09	61.73	62.52	78.04	78.05
最小值	15.16	16.57	35.32	12.62	12.17

2009年风景区各土类有效锰变化情况见图4-21。

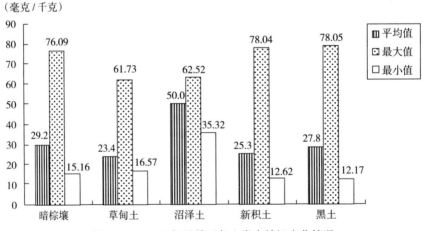

图4-21 2009年风景区各土类有效锰变化情况

　　土壤有效锰含量分级见表4-69，土类有效锰含量分级见表4-70，土种有效锰含量分级见表4-71，各土种有效锰含量见表4-72。

表 4-69　土壤有效锰含量分级

项　目	耕地面积（公顷）	一级		二级		三级	
		面积（公顷）	占本土类（%）	面积（公顷）	占本土类（%）	面积（公顷）	占本土类（%）
国有农场	7 070.53	6 387.58	90.34	682.95	9.66	0	0
林　业	2 322.12	2 310.31	99.49	11.81	0.50	0	0
五大连池镇	7 038.45	6 838.95	97.17	199.50	2.83	0	0
合　计	16 431.1	15 536.84	94.56	894.26	5.44	0	0

表 4-70　五大连池风景区土类有效锰含量分级

土　类	耕地面积（公顷）	一级		二级		三级	
		面积（公顷）	占本土类（%）	面积（公顷）	占本土类（%）	面积（公顷）	占本土类（%）
黑　土	12 822.50	11 940.17	93.12	882.33	6.88	0	0
暗棕壤	1 234.21	1 234.21	100	0	0	0	0
新积土	1 731.15	1 719.22	99.31	11.93	0.69	0	0
沼泽土	77.50	77.50	100	0	0	0	0
草甸土	565.74	565.74	100	0	0	0	0

表 4-71　五大连池风景区土种有效锰含量分级

土　种	耕地面积（公顷）	一级		二级		三级	
		面积（公顷）	占本土种（%）	面积（公顷）	占本土种（%）	面积（公顷）	占本土种（%）
薄层黄土质黑土	12 765.71	11 883.38	93.09	882.33	6.91	0	0
黄土质草甸暗棕壤	1 180.04	1 180.04	100.00	0	0	0	0
薄层砾质冲积土	1 731.15	1 719.22	99.31	11.93	0.69	0	0
泥质暗棕壤	52.80	52.80	100.00	0	0	0	0
泥沙质暗棕壤	1.37	1.37	100.00	0	0	0	0
中层黄土质草甸黑土	56.79	56.79	100.00	0	0	0	0
薄层黏质草甸沼泽土	77.50	77.50	100.00	0	0	0	0
中层黏质草甸土	565.74	565.74	100.00	0	0	0	0

表 4-72　各土种有效锰统计

单位：毫克/千克

土壤名称	样本数	平均含量	最大值	最小值
薄层黄土质黑土	181	27.443	78.05	12.17
黄土质草甸暗棕壤	66	29.29	76.09	15.16

（续）

土壤名称	样本数	平均含量	最大值	最小值
薄层砾质冲积土	35	25.37	78.05	12.62
泥质暗棕壤	8	30.26	33.75	27.42
泥沙质暗棕壤	1	16.57	16.57	16.57
中层黄土质草甸黑土	12	34.16	45.95	21.88
薄层黏质草甸沼泽土	9	50.01	62.52	35.33
中层黏质草甸土	28	23.43	61.73	16.57

四、土壤有效铜

铜是作物体内许多酶的组成成分，与叶绿素和蛋白质合成有关。它还可增强叶绿素和其他色素的稳定性，参与作物体内氧化还原过程，增强呼吸作用，参与碳水化合物及氮代谢。这次对土壤有效铜的调查结果显示，五大连池风景区耕地有效铜含量平均为 2.03 毫克/千克，变化幅度为 1.4～2.87 毫克/千克。从有效铜分布频率上看，五大连池风景区有效铜含量均大于 1.2 毫克/千克，说明全区有效铜含量丰富。调查表明，五大连池镇最高，为 2.10 毫克/千克（表 4-73）。从土壤类型上看，暗棕壤有效铜平均含量最高，为 2.13 毫克/千克（表 4-74）。

表 4-73　耕层有效铜含量分析统计

单位：毫克/千克

项　目	平均值	变化值
五大连池镇	2.10	1.4～2.87
国有农场	1.98	1.4～2.69
林　业	1.93	1.4～2.44
合　计	2.03	1.4～2.87

表 4-74　各土壤类型耕层有效铜统计

单位：毫克/千克

项　目	暗棕壤	草甸土	沼泽土	新积土	黑　土
平均值	2.13	1.93	2.02	1.98	2.01
最大值	2.87	2.55	2.51	2.40	2.87
最小值	1.46	1.48	1.78	1.40	1.40

2009 年风景区各土类有效铜含量变化情况见图 4-22。

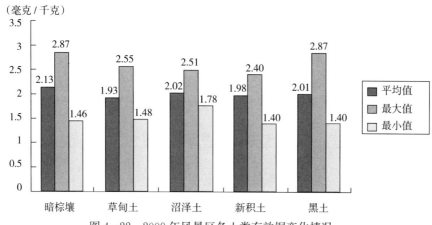

图 4 - 22　2009 年风景区各土类有效铜变化情况

土壤有效铜含量分级见表 4 - 75，风景区地力调查有效铜等级分布见图 4 - 23。

表 4 - 75　土壤有效铜含量分级

项　目	一级	二级	三级	四级
有效铜（毫克/千克）	＞1.8	1～1.8	0.4～1	0.2～0.4
面积（公顷）	11 751.77	4 679.33	0	0
占土壤总面积（%）	71.50	28.50	0	0

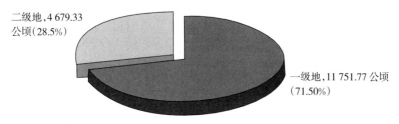

图 4 - 23　风景区地力调查有效铜等级分布情况

各土种有效铜含量见表 4 - 76，土壤有效铜含量分级表 4 - 77，土类有效铜含量分级见图 4 - 78，土种有效铜含量分级见表 4 - 79。

表 4 - 76　各土种有效铜含量统计

单位：毫克/千克

土壤名称	样本数	平均含量	最大值	最小值
薄层黄土质黑土	181	2.01	2.87	1.40
黄土质草甸暗棕壤	66	2.09	2.87	1.46
薄层砾质冲积土	35	1.98	2.40	1.40
泥质暗棕壤	8	2.39	2.71	2.01
泥沙质暗棕壤	1	2.55	2.55	2.55

（续）

土壤名称	样本数	平均含量	最大值	最小值
中层黄土质草甸黑土	12	1.97	2.13	1.52
薄层黏质草甸沼泽土	9	2.02	2.51	1.78
中层黏质草甸土	28	1.93	2.55	1.48

表 4 - 77　土壤有效铜含量分级

项目	耕地面积（公顷）	一级		二级		三级	
		面积（公顷）	占本土类（%）	面积（公顷）	占本土类（%）	面积（公顷）	占本土类（%）
国有农场	7 070.53	4 696.32	66.42	2 374.21	33.58	0	0
林业	2 322.12	1 049.94	45.21	1272.18	54.79	0	0
五大连池镇	7 038.45	6 005.51	85.32	1 032.94	14.68	0	0
合　计	16 431.1	11 751.77	71.52	4 679.33	28.48	0	0

表 4 - 78　五大连池风景区土类有效铜含量分级

土　类	耕地面积（公顷）	一级		二级		三级	
		面积（公顷）	占本土类（%）	面积（公顷）	占本土类（%）	面积（公顷）	占本土类（%）
黑　土	12 822.50	9 383.76	73.18	3 438.74	26.82	0	0
暗棕壤	1 234.21	950.69	77.03	283.52	22.97	0	0
新积土	1 731.15	1 105.31	63.85	625.84	36.15	0	0
沼泽土	77.50	52.20	67.35	25.30	32.65	0	0
草甸土	565.74	259.81	45.92	305.93	54.08	0	0

表 4 - 79　五大连池风景区土种有效铜含量分级

土　种	耕地面积（公顷）	一级		二级		三级	
		面积（公顷）	占本土类（%）	面积（公顷）	占本土类（%）	面积（公顷）	占本土类（%）
薄层黄质黑土	12 765.71	9 327.22	73.06	3 438.49	26.94	0	0
黄土质草甸暗棕壤	1 180.04	896.52	75.97	283.52	24.03	0	0
薄层砾质冲积土	1 731.15	1 105.31	63.85	625.84	36.15	0	0
泥质暗棕壤	52.80	52.80	100.00	0	0	0	0
泥沙质暗棕壤	1.37	1.37	100.00	0	0	0	0
中层黄土质草甸黑土	56.79	56.54	99.56	0.25	0.44	0	0
薄层黏质草甸沼泽土	77.50	52.20	67.35	25.30	32.65	0	0
中层黏质草甸土	565.74	259.81	45.92	305.93	54.08	0	0

第三节　土壤理化性状

一、土壤 pH

五大连池风景区土壤以黑土、暗棕壤、沼泽土为主。因此，耕地土壤酸度应以中性偏酸性为主。调查表明，全区耕地 pH 平均为 6.1，变化幅度为 5.62～7.36，土壤酸度集中为 5.5～6.5。土壤 pH 含量分布频率见表 4 - 80，耕层 pH 分析见表 4 - 81，各类土壤 pH 见表 4 - 82。

表 4 - 80　土壤 pH 含量分布频率

项　目	一级	二级	三级	四级	五级
pH	>8.5	7.5～8.5	6.5～7.5	5.5～6.5	≤5
面积（公顷）	0	0	1 016.8	15 414.3	0
占土壤总面积（%）	0	0	6.20	93.80	0

表 4 - 81　耕层 pH 分析统计

项　目	平均值	变化值
五大连池镇	6.14	5.62～7.36
国有农场	6.04	5.78～6.59
林　业	6.13	5.86～6.56
合　计	6.10	5.62～7.36

表 4 - 82　各类土壤 pH 统计

项　目	暗棕壤	草甸土	沼泽土	新积土	黑　土
平均值	6.03	6.04	6.04	6.16	6.14
最大值	6.31	6.59	6.12	6.80	7.13
最小值	5.82	5.85	5.90	5.83	5.75

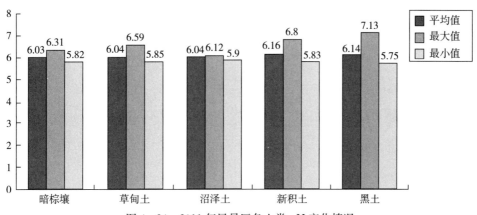

图 4 - 24　2011 年风景区各土类 pH 变化情况

2011 年风景区各土类 pH 变化情况见图 4 - 24，第二次土壤普查与本次调查各土类土壤 pH 变化关系见图 4 - 25。

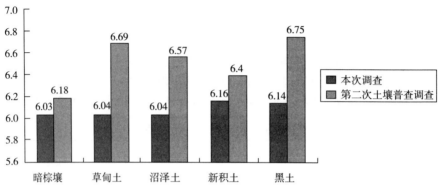

图 4 - 25　第二次土壤普查与本次调查各土类土壤 pH 变化关系

耕层土壤 pH 分级见表 4 - 83，土壤 pH 分级见表 4 - 84，土种 pH 分级见表 4 - 85，各土种 pH 见表 4 - 86。

表 4 - 83　耕层土壤 pH 分级统计

项　目	耕地面积（公顷）	一级		二级		三级		四级	
		面积（公顷）	占本土类（%）	面积（公顷）	占本土类（%）	面积（公顷）	占本土类（%）	面积（公顷）	占本土类（%）
国有农场	7 070.53	0	0	0	0	57.86	0.82	7 012.67	99.18
林　业	2 322.12	0	0	0	0	24.81	1.07	2 297.31	98.93
五大连池镇	7 038.45	0	0	0	0	934.13	13.27	6 104.32	86.73
合　计	16 431	0	0	0	0	1 016.80	6.19	15 414.30	93.81

表 4 - 84　五大连池风景区土类 pH 分级统计

土　类	耕地面积（公顷）	一级		二级		三级		四级	
		面积（公顷）	占本土类（%）	面积（公顷）	占本土类（%）	面积（公顷）	占本土类（%）	面积（公顷）	占本土类（%）
黑　土	12 822.50	0	0	0	0	414.08	3.23	12 408.42	96.77
暗棕壤	1 234.21	0	0	0	0	24.81	2.01	1 209.40	97.99
新积土	1 731.15	0	0	0	0	520.05	30.04	1 211.10	69.96
沼泽土	77.50	0	0	0	0	0	0	77.50	100
草甸土	565.74	0	0	0	0	57.86	10.23	507.88	89.77

表 4 - 85　五大连池风景区土种 pH 分级统计

土　种	耕地面积（公顷）	一级		二级		三级		四级	
		面积（公顷）	占本土类（％）	面积（公顷）	占本土类（％）	面积（公顷）	占本土类（％）	面积（公顷）	占本土类（％）
薄层黄土质黑土	12 765.71	0	0	0	0	413.83	3.24	12 351.88	96.76
黄土质草甸暗棕壤	1 180.04	0	0	0	0	24.81	2.10	1 155.23	97.90
薄层砾质冲积土	1 731.15	0	0	0	0	520.05	30.04	1 211.10	69.96
泥质暗棕壤	52.80	0	0	0	0	0	0	52.80	100.00
泥沙质暗棕壤	1.37	0	0	0	0	0	0	1.37	100.00
中层黄土质草甸黑土	56.79	0	0	0	0	0.25	0.44	56.54	99.56
薄层黏质草甸沼泽土	77.50	0	0	0	0			77.50	100.00
中层黏质草甸土	565.74	0	0	0	0	57.86	10.23	507.88	89.77

表 4 - 86　各土种 pH 统计

土　种	样本数（个）	平均含量	最大值	最小值
薄层黄土质黑土	181	6.09	7.36	5.62
黄土质草甸暗棕壤	66	6.12	6.56	5.77
薄层砾质冲积土	35	6.16	6.81	5.83
泥质暗棕壤	8	5.96	6.06	5.87
泥沙质暗棕壤	1	5.96	5.96	5.96
中层黄土质草甸黑土	12	6.19	6.90	5.87
薄层黏质草甸沼泽土	9	6.04	6.13	5.91
中层黏质草甸土	28	6.04	6.59	5.85

二、土壤容重

土壤容重和孔隙度可以反映土壤松紧状况，直接影响农作物生育期。土壤过松或过紧都不利于农作物正常生长和根系发育。土壤过松，根土不易密接，水分不易保存，水气不能协调，影响养分的保存和有效化温度的稳定；土壤过紧，通透性差，影响出苗和根系下扎。

不同含水量的土壤（容重为 1.30 克/立方厘米）在冻融交替作用后，20 厘米以内土壤容重基本减小，但减小幅度与含水量之间不是完全的正比关系。不同深度土壤容重的变化规律是：高含水量时，表层容重减小幅度较大，下层减小幅度相对较小；低含水量时，则相反。冻融交替作用对不同容重土壤（含水量 30％）的表层容重影响较大，它使小容重土壤变得更加致密，使大容重土壤变得疏松。黑土区冻融作用对免耕带来的容重增大问题，可以起到一定的减缓作用。

调查表明，全区土壤容重平均为 1.16 克/立方厘米，变化幅度为 1.03～1.30 克/立方厘米。其中新积土、暗棕壤容重较高，黑土和草甸土容重最低。乡镇耕层土壤容重分析见表4-87，耕层土壤类型容重分析见表4-88。

表4-87 耕层土壤容重分析统计

单位：克/立方厘米

项　目	样本数	平均值	最大值	最小值
国有农场	125	1.16	1.23	1.08
林　业	57	1.20	1.29	1.08
五大连池镇	158	1.15	1.30	1.03
合　计	340	1.16	1.30	1.03

表4-88 耕层土壤类型容重分析统计

单位：克/立方厘米

土壤类型	样本数	平均值	最大值	最小值
黑　土	193	1.15	1.25	1.03
暗棕壤	75	1.18	1.30	1.08
新积土	35	1.20	1.29	1.09
沼泽土	9	1.16	1.19	1.14
草甸土	28	1.15	1.21	1.12
合　计	340	1.16	1.30	1.03

第五章　耕地地力评价

本次耕地地力评价是一种一般性的目的评价，并不针对某种土地利用类型，而是根据所在地区特定气候区域以及地形地貌、成土母质、土壤理化性状、农田基础设施等要素相互作用表现出来的综合特征，揭示耕地潜在生产能力的高低。通过耕地地力评价，可以全面了解五大连池风景区的耕地质量现状，为合理调整农业结构、生产安全优质农产品、保护耕地质量、建立耕地资源数据网络、加强耕地质量管理等提供科学依据。

第一节　耕地地力评价的原则和依据

耕地地力评价是对耕地的基础地力及其生产能力的全面鉴定。因此，在评价时应遵循以下 3 个原则：

一、综合因素研究与主导因素分析相结合的原则

耕地地力是各类要素的综合体现。综合因素研究是对地形地貌、土壤理化性状以及相关的社会经济因素进行综合研究、分析与评价，以全面了解耕地地力状况。主导因素是指对耕地地力起决定作用的、相对稳定的因子，在评价中要着重对其进行研究分析。

二、定性与定量相结合的原则

影响耕地地力的因素有定性的和定量的，评价时，定量评价与定性评价相结合。可定量的评价因子，按其数值参与计算评价；对非数量化的定性因子，要充分应用专家知识，先进行数值化处理，再进行计算评价。

三、采用 GIS 支持的自动化评价方法的原则

充分应用计算机技术，通过建立数据库、评价模型，实现评价流程的全数字化和自动化。应代表我国目前耕地地力评价的最新技术方法。

第二节　耕地地力评价原理和方法

这次耕地地力评价工作，一方面，充分收集了五大连池区耕地的情况和有关资料，建立起耕地质量管理数据库；另一方面，还进行了外业的补充调查（包括土壤调查和农户的

入户调查两部分）和室内化验分析。在此基础上，通过 GIS 系统平台，采用 ARCVIEW 软件对调查的数据和图件进行数值化处理，最后利用扬州土肥站开发的《全国耕地地力质量评价软件系统》进行耕地地力评价。主要的工作流程见图 5-1。

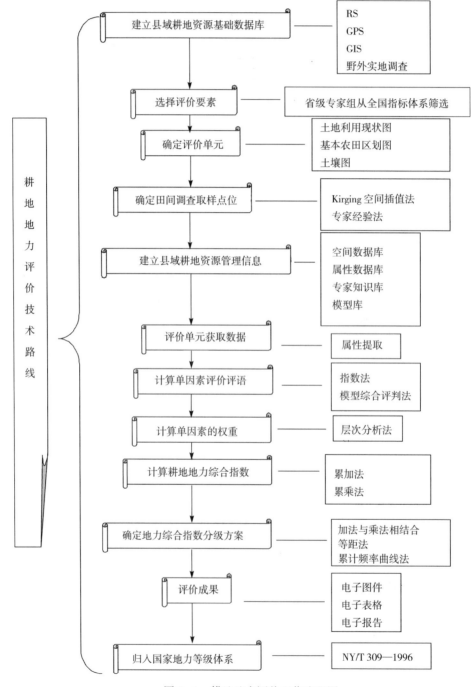

图 5-1 耕地地力评价工作流程图

一、确定评价单元

耕地评价单元是由耕地构成因素组成的综合体。目前通用的确定评价单元方法有：一是以土壤图为基础，将农业生产影响一致的土壤类型归并在一起成为一个评价单元；二是以耕地类型图为基础确定评价单元；三是以土地利用现状图为基础确定评价单元；四是采用网格法确定评价单元。上述方法各有利弊。根据《耕地地力调查与质量评价技术规程》的要求，本次采用综合方法确定评价单元，即用 1∶100 000 的土壤图、1∶100 000 的基本农田划定图、1∶10 万的土地利用现状图，先数字化，再在计算机上叠加复合生成评价单元图斑，然后通过综合取舍形成评价单元。这种方法的优点是考虑全面、综合性强，同一评价单元内的土壤类型相同、土地利用类型相同。既满足了对耕地地力和质量做出评价，又便于耕地利用与管理。这次五大连池风景区地力调查，共确定形成评价单元 340个，总面积 16 431.1 公顷①。

二、确定评价指标

耕地地力评价因素的选择考虑到气候因素、地形因素、土壤因素、水文及水文地层和社会经济因素等；同时，农田基础建设水平对耕地地力的影响很大，也成为评价因素之一。本次评价工作侧重于为农业生产服务，因此选择评价因素的原则：一是选取的因子对耕地生产力有较大的影响；二是选取的因子在评价区域内的变异较大，便于划分等级；三是注意到因子的稳定性和对当前生产密切相关的因素。

本次耕地地力评价工作，结合风景区本地的土壤条件、农田基础设施状况、当前农业生产中耕地存在的突出问题等因素，并参照了《全国耕地地力调查和质量评价技术规程》中确定的 64 项指标，最后确定了有效积温≥10℃、耕层厚度、有机质、pH、有效磷、速效钾、抗旱能力 7 项评价指标。每一个指标的名称、释义、量纲、上下限等定义如下：

1. 地貌类型　地貌常以成因和形态的差异，划分成若干不同的类型，同一类型具有相同或相似的特征。属文本，无量纲。

2. 地形部位　地貌在形态中所处的位置。属文本，无量纲。

3. 障碍层类型　构成植物生长障碍的土层类型。属文本，无量纲。

4. pH　反映土壤酸碱度，代表土壤溶液中氢离子活度的负对数。属数值型，无量纲。数据长度 4 位，小数位 1，极小值 0，极大值 14.0。

5. 质地　土壤中各种粒径土粒的组合比例关系称为机械组成。根据机械组成的近似性，划分为若干类别，称之为质地类别。属文本，无量纲。

6. 障碍层厚度　土壤中障碍层开始出现到结束的垂直距离。属数值型，量纲为厘米。

7. 有效土层厚度　作物根系的活动层，一般为坚硬基岩或障碍层次以上的土层厚度。

———————
① 本次耕地地力调查与评价不包括五大连池农场。

属数值型，量纲为厘米。

8. 耕层厚度 反映耕地土壤的容量指标，是耕地肥力的综合指标。该层土壤质地疏松、结构良好，有机质含量较多，是作物根系的主要活动层。属数值型，量纲为厘米，数据长度 2 位，小数位 0。

9. 有效磷 反映耕地土壤耕层（0～20 厘米）供磷能力强度水平的指标，以每千克土含有磷的毫克数来表示。属数值型，量纲为毫克/千克，数据长度 3 位，小数位 1。

10. 有效锌 耕层土壤中能供作物吸取的锌的含量。以每千克干土所含锌的毫克数表示。属数值，量纲为毫克/千克。

11. 速效钾 反映耕地土壤耕层（0～20 厘米）供钾能力强度水平的指标。属数值型，包括土壤溶液中以及吸附到土壤胶体上的代换性钾离子，以每千克土中含有钾的毫克数表示，量纲为毫克/千克。数据长度 3 位，小数位 0。

三、评价单元赋值

根据各评价因子的空间分布图或属性数据库，将各评价因子数据赋值给评价单元。主要采取以下方法：

1. 对点位数据 如有机质、有效磷和速效钾等，采用插值的方法形成删格图与评价单元图叠加，通过统计给评价单元赋值。

2. 对矢量分布图 如耕层厚度、抗旱能力等，直接与评价单元图叠加，通过加权统计和属性提取，给评价单元赋值。

3. 对等高线 使用数字高程模型，形成坡度图和坡向图，与评价单元图叠加，通过统计给评价单元赋值。

四、评价指标的标准化

所谓评价指标标准化就是要对每一个评价单元不同数量级、不同量纲的评价指标数据进行 0→1 化。数值型指标的标准化，是采用数学方法进行处理；概念型指标的标准化，是先采用专家经验法对定性指标进行数值化描述，然后进行标准化处理。

模糊评价法是数值标准化最通用的方法。它是采用模糊数学的原理，建立起评价指标值与耕地生产能力的隶属函数关系，其数学表达式为 $\mu = f(x)$。μ 是隶属度，这里代表生产能力；x 代表评价指标值。根据隶属函数关系，可以对于每个 x 算出其对应的隶属度 μ，是 0→1 中间的数值。

在这次评价中，我们将选定的评价指标与耕地生产能力的关系分为戒上型函数、戒下型函数、峰型函数、直线型函数及概念型 5 种类型的隶属函数。前 4 种类型可以先通过专家打分的办法对一组评价单元值评估出相应的一组隶属度，根据这两组数据拟合隶属函数，计算所有评价单元的隶属度；后一种是采用专家直接打分评估法，确定每一种概念型的评价单元的隶属度。

以下是各个评价指标隶属函数的建立和标准化结果：

1. 地貌类型　专家评估：地貌类型隶属度评估见表5-1。

表5-1　地貌类型隶属度评估

地貌类型	低山	丘陵漫岗	平原
隶属度	0.5	0.8	1

2. 地形部位　专家评估：地形部位隶属度评估见表5-2。

表5-2　地形部位隶属度评估

地形部位	洼地	低山中上部	低山中下部	低山下部	岗地	平地
隶属度	0.10	0.40	0.65	0.75	0.85	1

3. 障碍层类型　专家评估：障碍层隶属度评估见表5-3。

表5-3　障碍层隶属度评估

障碍层类型	沙砾层	潜育层	黏盘层
隶属度	0.3	0.6	1

4. pH　专家评估：pH隶属度评估见表5-4。

表5-4　pH隶属度评估

pH	5.5	5.8	6.1	6.4	6.7	7	7.3
隶属度	0.37	0.5	0.67	0.81	0.92	1	0.9

建立隶属函数：$Y = 1 / [1 + 0.771188 (X - 6.944021)^2]$。pH土壤耕层厚度隶属函数曲线见图5-2。

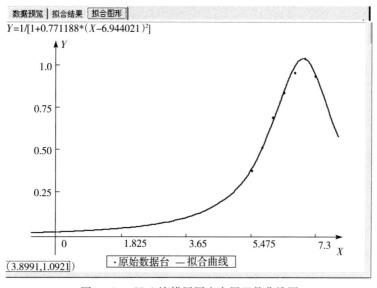

图5-2　pH土壤耕层厚度隶属函数曲线图

5. 质地 专家评估：质地隶属度评估见表5-5。

表5-5 质地隶属度评估

质地	轻壤土	轻黏土	中壤土	重壤土
隶属度	0.5	0.7	0.85	1

6. 障碍层厚度 专家评估：障碍层厚度隶属度评估见表5-6。

表5-6 障碍层厚度隶属度评估

障碍层厚度（）	5	9	13	17	21	25
隶属度	1	0.92	0.81	0.67	0.5	0.38

建立隶属函数：$Y = 1/[1 + 0.003807(X - 4.990531)^2]$。障碍层厚度隶属函数曲线见图5-3。

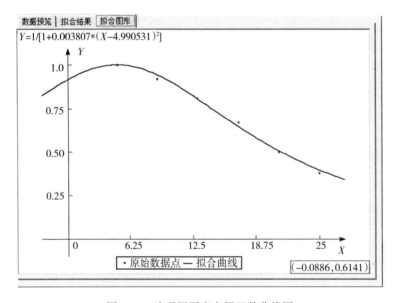

图5-3 障碍层厚度隶属函数曲线图

7. 有效土层厚度 专家评估：有效土层隶属度评估见表5-7。

表5-7 有效土层隶属度评估

有效土层厚度（）	5	10	15	20	25	30	35
隶属度	0.37	0.48	0.63	0.77	0.88	0.94	1

建立隶属函数：$Y = 1/[1 + 0.001911(X - 33.330077)^2]$。有效土层厚度隶属函数曲线见图5-4。

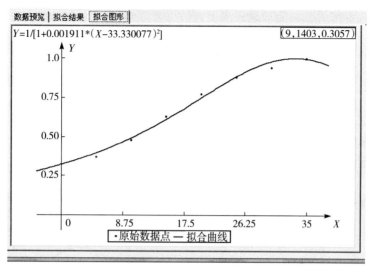

图5-4 有效土层厚度隶属函数曲线图

8. 耕层厚度（概念型） 专家评估：土壤耕层厚度分级及隶属度专家评估见表5-8。

表5-8 土壤耕层厚度分级及隶属度专家评估

序号	土壤耕层厚度（厘米）	隶属度
1	14	0.52
2	17	0.65
3	20	0.77
4	23	0.88
5	26	0.95
6	29	1.00

建立隶属函数：$Y=1/[1+0.003872(X-29.014918)^2]$ $C=29.014918$ $U=10$。
土壤耕层厚度隶属函数曲线见图5-5。

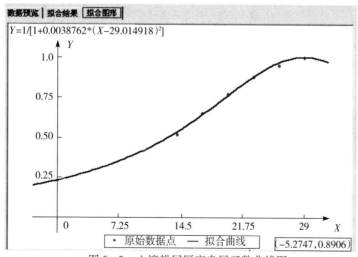

图5-5 土壤耕层厚度隶属函数曲线图

9. 有效磷 专家评估：有效磷隶属度评估见表 5 - 9。

表 5 - 9 有效磷隶属度评估

有效磷（毫克/千克）	15	25	35	45	55	65	75	85
隶属度	0.21	0.29	0.38	0.53	0.68	0.84	0.95	1.00

建立隶属函数：$Y=1/[1+0.000747(X-80.970058)^2]$ $C=80.970058$ $U=1$。土壤有效磷隶属函数曲线见图 5 - 6。

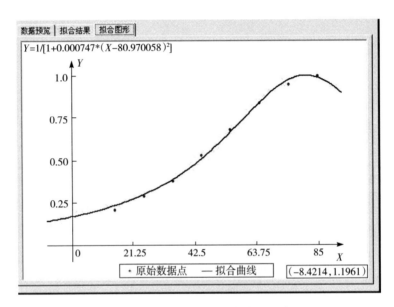

图 5 - 6 土壤有效磷隶属函数曲线图（戒上型）

10. 有效锌 专家评估：有效锌隶属度评估见表 5 - 10。

表 5 - 10 有效锌隶属度评估

有效锌（克/千克）	0.4	0.6	0.8	1.0	1.2	1.4	1.6
隶属度	0.38	0.50	0.64	0.76	0.89	0.96	1.0

建立隶属函数：$Y=1/[1+0.000322(X-66.864783)^2]$ $C=66.864783$ $U=0.5$。土壤有效锌隶属函数曲线见图 5 - 7。

11. 速效钾 专家评估：速效钾隶属度评估见表 5 - 11。

表 5 - 11 速效钾隶属度评估

速效钾（毫克/千克）	10	50	90	130	170	210	250	290	330
隶属度	0.22	0.28	0.34	0.46	0.60	0.74	0.89	0.98	1.0

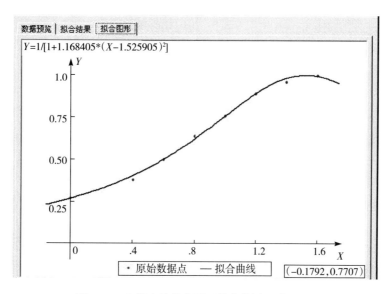

图 5-7　土壤有效锌隶属函数曲线图（戒上型）

建立隶属函数：$Y = 1 / [1 + 0.000038 (X - 307.446133)^2]$　　$C = 307.446133$

$U = 10$。土壤速效钾隶属函数曲线见图 5-8。

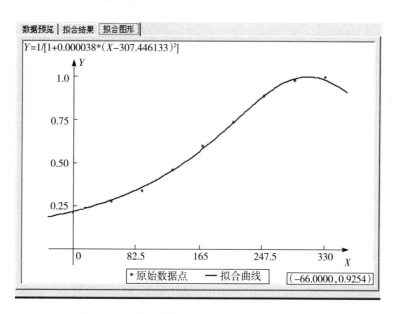

图 5-8　土壤速效钾隶属函数曲线图（戒上型）

五、确定指标权重

采用层次分析法确定每一个评价因素对耕地综合地力的贡献大小。

1. 构造评价指标层次结构图　根据各个评价因素间的关系，构造了以下层次结构图（图 5-9）。

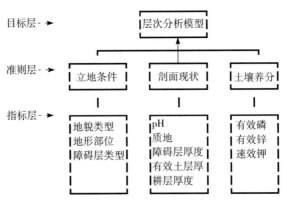

图 5-8 构造层次模型

2. 建立层次判断矩阵 采用专家评估法，比较同一层次各因素对上一层次的相对重要性，给出数量化的评估。专家评估的初步结果，经合适的数学处理后（包括实际计算的最终结果—组合权重）反馈给专家，请专家重新修改或确认。经多轮反复，形成最终的判断矩阵。

3. 确定各评价因素的综合权重 利用层次分析计算方法，确定每一个评价因素综合评价权重。结果见图 5-10～图 5-14。

	立地条件	剖面现状	土壤养分
立地条件	1.0000	1.6667	5.0000
剖面现状	0.6000	1.0000	5.0000
土壤养分	0.2000	0.2000	1.0000

图 5-10

	地貌类型	地形部位	障碍层类型
地貌类型	1.0000	0.8333	1.2500
地形部位	1.2000	1.0000	2.0000
障碍层类型	0.8000	0.5000	1.0000

图 5-11

	pH	质地	障碍层厚度	有效土层厚
pH	1.0000	0.5000	0.8333	0.6250
质地	2.0000	1.0000	2.0000	1.4286
障碍层厚度	1.2000	0.5000	1.0000	0.7143
有效土层厚	1.6000	0.7000	1.4000	1.0000

图 5-12

	有效磷	速效钾	有效锌
有效磷	1.0000	2.2222	4.0000
速效钾	0.4500	1.0000	2.0000
有效锌	0.2500	0.5000	1.0000

图 5 - 13

层次分析结果表				
层次 A	层次 C			
	立地条件 0.530 5	剖面现状 0.378 9	土壤养分 0.090 6	组合权重 $\sum C_i A_i$
地貌类型	0.318 3			0.168 9
地形部位	0.499 0			0.264 7
障碍层类型	0.182 7			0.096 9
pH		0.129 4		0.049 0
质地		0.196 4		0.074 4
障碍层厚度		0.155 4		0.058 9
有效土层厚		0.425 8		0.161 4
耕层厚度		0.093 0		0.035 2
有效磷			0.595 5	0.054 0
有效锌			0.108 7	0.009 8
速效钾			0.295 8	0.026 8

图 5 - 14

4. 计算耕地地力生产性能综合指数（IFI）

$$IFI = \sum F_i \times C_i ; (i = 1,2,3\cdots\cdots)$$

式中：IFI——耕地地力综合指数（Integrated Fertility Index）；

　　　F_i——第 i 个评价因子的隶属度；

　　　C_i——第 i 个评价因子的组合权重。

5. 确定耕地地力综合指数分级方案　采取累积曲线分级法划分耕地地力等级，用加法模型计算耕地生产性能综合指数（IFI），将全区的耕地地力划分为 4 级（表 5 - 12）。

表 5 - 12　风景区土壤地力指数分级

地力分级	地力综合指数分级（IFI）
一级	＞0.89
二级	0.86～0.89
三级	0.78～0.86
四级	＜ 0.78

6. 归并农业部地力等级指标划分标准 耕地地力的另一种表达方式，即以产量表达耕地地力水平。农业部于 1997 年颁布了《全国耕地类型区耕地地力等级划分》农业行业标准，将全国耕地地力根据粮食单产水平划分为 10 个等级。在对五大连池风景区 705 个耕地地力调查点的 3 年实际年平均产量调查数据分析，根据其对应的相关关系，将用自然要素评价的耕地地力等级分别归入相应的概念型产量表示的地力等级体系，见表 5 - 13。

表 5 - 13　耕地地力（国家级）分级统计

地力分级（国家级）	产量（千克/公顷）
一级	≥13 500
二级	12 000～13 500
三级	10 500～12 000
四级	9 000～10 500
五级	7 500～9 000
六级	6 000～7 500
七级	4 500～6 000
八级	3 000～4 500
九级	1 500～3 000
十级	≤1 500

五大连池风景区评价结果表明：主要以国家四级、五级、六级地为主，各占 14.1%、73.5% 和 12.4%。其中，本区一级地归为国家四级地；二级地和三级地归为国家五级地；四级地归为国家六级地（表 5 - 14、图 5 - 15）。

表 5 - 14　五大连池风景区土壤地力分级统计

地力分级	地力综合指数分级（IFI）	土壤面积（公顷）	占基本土壤面积（%）	产量（千克/公顷）
一级	>0.89	2 316.45	14.1	9 000～10 500
二级	0.86～0.89	7 969.82	48.5	8 250～9 000
三级	0.78～0.86	4 099.91	25.0	7 500～8 250
四级	<0.78	2 044.92	12.4	6 000～7 500

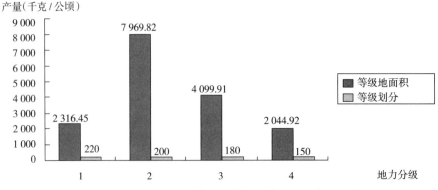

图 5 - 15　五大连池风景区各地力等级土壤面积和产量的关系

第三节　耕地地力等级划分

五大连池风景区地处松嫩平原到小兴安岭的过渡地带，由国有农场、林业和五大连池镇三部分组成。有暗棕壤、草甸土、黑土、新积土和沼泽土五大土类。见表5-15。

表5-15　五大连池风景区土类分布面积

单位：公顷

项　目	暗棕壤	草甸土	黑土	新积土	沼泽土
国有农场	361.76	565.62	6 143.15	0	0
林　业	428.45	0	1 098.57	795.1	0
五大连池镇	444	0.12	5 580.78	936.05	77.5

从地力等级的分布特征来看，等级的高低与地形部位、土壤类型密切相关。高中产土壤主要集中在中部、北部的平岗地及平坦的冲积平原上，低产土壤主要分布在漫岗丘陵区。各乡镇耕地地力等级面积见表5-16。

表5-16　五大连池风景区各级耕地地力等级面积统计

单位：公顷

项　目	面　积	一级地	二级地	三级地	四级地
国有农场	7 070.53	1 091.85	3 813.23	2 161.11	4.34
林　业	2 322.12	0	148.73	1 199.16	974.23
五大连池镇	7 038.45	1 224.6	4 007.86	739.64	1 066.35
合　计	16 431.1	2 316.45	7 969.82	4 099.91	2 044.92

一、一　级　地

通过本次耕地地力调查分析，五大连池风景区土壤类型分别为暗棕壤、草甸土、沼泽土、新积土和黑土。其中，草甸土土壤面积为1 571.64公顷，一级地面积为565.74公顷，占全区一级地面积的24.40%，占本土类土壤面积的35.99%；黑土土壤面积为47 472.74公顷，一级地面积1 750.71公顷，占全区一级地面积的75.60%，占本土类土壤面积的36.87%。具体情况见表5-17。

表5-17　风景区一级地土壤分布面积统计

土壤类型	土壤面积（公顷）	一级地面积（公顷）	占风景区一级地面积（%）	占本土类土壤面积（%）
暗棕壤	34 915.58	0	0	0
草甸土	1 571.64	0	0	0
沼泽土	5 241.02	0	0	0
新积土	16 799.02	565.74	0.24	0.03
黑　土	47 472.74	1 750.71	0.04	0.04

表 5 - 18　五大连池风景区土种一级地面积分布统计

单位：公顷

土　种	薄层黄质质黑土	黄土质草甸暗棕壤	薄层砾质冲积土	泥质暗棕壤	泥沙质暗棕壤	中层黄土质草甸黑土	薄层黏质草甸沼泽土	中层黏质草甸土
一级地面积	1 705.84	0	0	0	0	44.87	0	565.74
占本土种面积（%）	13.36	0	0	0	0	79.01	0	100
占一级地面积（%）	73.64	0	0	0	0	1.94	0	24.42
总面积	12 765.71	1 180.04	1 731.15	52.8	1.37	56.79	77.5	565.74

通过本次耕地地力调查分析，五大连池风景区一级地耕地行政分布面积具体情况分别为：五大连池镇土壤面积为 7 038.45 公顷，一级地面积为 1 224.6 公顷，占全区一级地面积的 52.9%，占本乡土壤面积 17.4%；国有农场土壤面积为 7 070.53 公顷，一级地面积为 1 091.85 公顷，占全区一级地面积的 47.1%，占本乡土壤面积的 15.44%；详细情况见表 5 - 19。

表 5 - 19　风景区一级地耕地行政分布面积统计

项　目	土壤面积（公顷）	一级地面积（公顷）	占风景区一级地面积（%）	占本区土壤面积（%）
国有农场	7 070.53	1 091.85	47.1	15.44
林　业	2 322.12	0	0	0
五大连池镇	7 038.45	1 224.6	52.9	17.4
合　计	16 431.1	2 316.45		

一级地所处地形平缓，主要分布在中部、北部的平岗地及平坦的冲积平原上，坡度一般小于 2°，基本没有侵蚀和障碍因素。黑土层深厚，绝大多数在 25 厘米以上，深的可达 40 厘米以上。结构较好，多为粒状或小团块状结构。质地适宜，一般为暗棕壤或黑土。容重适中，土壤大都偏酸性，只有少部分呈中性，pH 在 6.0～6.5 范围内。土壤有机质含量高，平均为 65.15 克/千克。养分丰富，全氮平均为 3.13 克/千克，碱解氮平均为 276.22 毫克/千克，有效磷平均为 72.94 毫克/千克，速效钾平均为 171.14 毫克/千克，有效锌平均为 0.79 毫克/千克。保肥性能好，抗旱、排涝能力强。该级地属高肥广适应性土壤，适于种植玉米、大豆、小麦等高产作物，产量水平较高，一般在 9 000～105 000 千克/公顷以上，见表 5 - 20。

表 5 - 20　一级地耕地土壤化学性状统计

项　目	平均值	样本值分布范围
有机质（克/千克）	65.15	42.91～114.21
有效锌（毫克/千克）	0.79	0.48～1.44
速效钾（毫克/千克）	171.14	35～343.66
有效磷（毫克/千克）	72.94	17.16～223.25
全氮（克/千克）	3.13	2.73～3.67
碱解氮（毫克/千克）	276.22	195.49～398.42

二、二 级 地

通过本次耕地地力调查分析，五大连池风景区二级耕地总面积为 7 969.82 公顷，占基本土壤耕地总面积的 33.8%。土壤类型分别为暗棕壤、草甸土、沼泽土、新积土和黑土。其中，黑土土壤面积为 47 472.74 公顷，二级地面积为 7 969.82 公顷，占全区二级地面积的 100%，占本土类土壤面积的 16.79%。详细情况见表 5-21、表 5-22。

表 5-21 风景区二级地土壤分布面积统计

土壤类型	土壤面积（公顷）	二级地面积（公顷）	占风景区二级地面积（%）	占本土类土壤面积（%）
暗棕壤	34 915.58	0	0	0
草甸土	1 571.64	0	0	0
沼泽土	5 241.02	0	0	0
新积土	16 799.02	0	0	0
黑 土	47 472.74	7 969.82	100	16.79

表 5-22 五大连池风景区土种二级地面积分布统计

单位：公顷

土 种	薄层黄土质黑土	黄土质草甸暗棕壤	薄层砾质冲积土	泥质暗棕壤	泥沙质暗棕壤	中层黄土质草甸黑土	薄层黏质草甸沼泽土	中层黏质草甸土
二级地面积	7 957.90	0	0	0	0	11.92	0	0
占本土种面积（%）	62.34	0	0	0	0	20.99	0	0
占一级地面积（%）	99.85	0	0	0	0	0.15	0	0
总面积	12 765.71	1 180.04	1 731.15	52.8	1.37	56.79	77.5	565.74

通过本次耕地地力调查分析，五大连池风景区二级地耕地行政分布面积具体情况分别为：五大连池镇土壤面积为 7 038.45 公顷，二级地面积为 4 007.86 公顷，占全区二级地面积的 50.29%，占本乡土壤面积 56.9%；国有农场土壤面积为 7 070.53 公顷，二级地面积为 3 813.23 公顷，占全区二级地面积的 47.81%，占本乡土壤面积 54%；林业土壤面积为 2 322.12 公顷，二级地面积为 148.73 公顷，占全区二级地面积的 1.9%，占本乡土壤面积 6.4%。详细情况见表 5-23。

表 5-23 风景区二级地耕地行政分布面积统计

项 目	土壤面积（公顷）	二级地面积（公顷）	占风景区二级地面积（%）	占本区土壤面积（%）
国有农场	7 070.53	3 813.23	47.81	54
林 业	2 322.12	148.73	1.9	6.4
五大连池镇	7 038.45	4 007.86	50.29	56.9
合 计	16 431.1	7 969.82		

二级地主要分布在平坦的漫岗平原上，所处地形也较为平缓，坡度一般为2°～2.5°，绝大部分耕地没有侵蚀或者侵蚀较轻，基本上无障碍因素。黑土层也较深厚，一般大于23厘米。结构也较好，多为粒状或小团块状结构。质地较适宜，一般为壤土或沙质黏壤土。土壤容重基本适中。土壤绝大多数偏酸性，少数呈中性，pH为6.0～6.3。土壤有机质含量高，平均为70.76克/千克。养分含量丰富，全氮平均为3.14克/千克，碱解氮平均为274.15毫克/千克，有效磷平均为100.78毫克/千克，速效钾平均为137.28毫克/千克。保肥性能较好，抗旱、排涝能力也很强。该级地也属高肥广适应性土壤，适于种植大豆、玉米等各种作物，产量水平较高，一般为8 250～9 000千克/公顷。详见表5-24。

表5-24 二级地耕地土壤化学性状统计表

项　目	平均值	样本值分布范围
有机质（克/千克）	70.76	41.44～115
有效锌（毫克/千克）	0.78	0.49～1.35
速效钾（毫克/千克）	137.28	5～292
有效磷（毫克/千克）	100.78	25.67～242.8
全　氮（克/千克）	3.14	2.50～4.40
碱解氮（毫克/千克）	274.15	164～351.54

三、三 级 地

通过本次耕地地力调查分析，五大连池风景区土壤类型分别为：暗棕壤、草甸土、沼泽土、新积土和黑土。其中，暗棕壤土壤面积为34 915.58公顷，三级地面积为997.94公顷，占全区三级地面积的24.35%，占本土类土壤面积的2.86%；黑土土壤面积为47 472.74公顷，三级地面积3 101.97公顷，占全区三级地面积的75.65%，占本土类土壤面积的6.53%。详细情况见表5-25。

表5-25 风景区三级地土壤分布面积统计表

土壤类型	土壤面积（公顷）	三级地面积（公顷）	占风景区三级地面积（%）	占本土类土壤面积（%）
暗棕壤	34 915.58	997.94	24.35	2.86
草甸土	1 571.64	0	0	0
沼泽土	5 241.02	0	0	0
新积土	16 799.02	0	0	0
黑　土	47 472.74	3 101.97	75.65	6.53

五大连池风景区各土类总面积和三级地面积的关系见图5-11。
五大连池风景区土种三级地面积分布见表5-26。

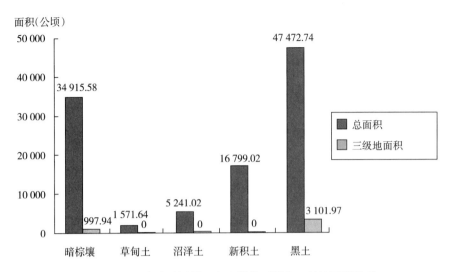

图 5 - 16　五大连池风景区各土类总面积和三级地面积关系

表 5 - 26　五大连池风景区土种三级地面积分布统计

单位：公顷

土　种	薄层黄土质黑土	黄土质草甸暗棕壤	薄层砾质冲积土	泥质暗棕壤	泥沙质暗棕壤	中层黄土质草甸黑土	薄层黏质草甸沼泽土	中层黏质草甸土
三级地面积	3 101.97	997.94	0	0	0	0	0	0
占本土种面积（％）	24.3	84.57	0	0	0	0	0	0
占一级地面积（％）	75.66	24.34	0	0	0	0	0	0
总面积	12 765.71	1 180.04	1 731.15	52.8	1.37	56.79	77.5	565.74

通过本次耕地地力调查分析，五大连池风景区三级地耕地行政分布面积具体情况分别为：国有农场土壤面积为 7 070.53 公顷，三级地面积为 2 161.11 公顷，占全区三级地面积的 52.71％，占本乡土壤面积的 30.6％；林业土壤面积为 2 322.12 公顷，三级地面积为 1 199.16 公顷，占全区三级地面积的 29.24％，占本乡土壤面积的 51.6％；五大连池镇土壤面积为 7 038.45 公顷，三级地面积为 739.64 公顷，占全区三级地面积的 18.05％，占本乡土壤面积的 0.3％。详细情况见表 5 - 27。

表 5 - 27　风景区三级地耕地行政分布面积统计

项　目	土壤面积（公顷）	三级地面积（公顷）	占风景区三级地面积（％）	占本区土壤面积（％）
国有农场	7 070.53	2 161.11	52.71	30.6
林　业	2 322.12	1 199.16	29.24	51.6
五大连池镇	7 038.45	739.64	18.05	0.3
合　计	16 431.1	4 099.91		

三级地大都处在漫岗的顶部以及低阶平原上，所处地形相对平缓，坡度绝大部分大

于 2.5°。部分土壤有轻度侵蚀，个别土壤存在瘠薄等障碍因素。黑土层厚度不一，厚的在 25 厘米以上，薄的不足 20 厘米。结构较一二级地稍差一些，但基本为粒状或小团块状结构。质地一般，以中黏土为主。容重基本适中，土壤呈微酸性，pH 为 5.7～6.5。土壤有机质含量也较高，平均为 62.87 克/千克。养分含量较为丰富，全氮平均为 3.06 克/千克，碱解氮平均为 271.60 毫克/千克，有效磷平均为 46.56 毫克/千克，速效钾平均为 169.3 毫克/千克。保肥性能较好，抗旱、排涝能力相对较强。该级地属中肥中适应性土壤，基本适于种植各种作物，产量水平一般为 7 500～8 250 千克/公顷，见表 5-28。

表 5-28　三级地耕地土壤化学性状统计

项　　目	平均值	样本值分布范围
有机质（克/千克）	62.87	43.64～178.56
有效锌（毫克/千克）	0.77	0.47～1.48
速效钾（毫克/千克）	169.30	20～299
有效磷（毫克/千克）	46.56	16.73～174.35
全　氮（克/千克）	3.06	2.54～3.31
碱解氮（毫克/千克）	271.60	181.24～389.34
pH	6.08	5.77～6.56

四、四　级　地

通过本次耕地地力调查分析，五大连池风景区土壤类型分别为：暗棕壤、草甸土、沼泽土、新积土和黑土。其中，暗棕壤土壤面积为 34 915.58 公顷，四级地面积为 236.27 公顷，占全区四级地面积的 11.56%，占本土类土壤面积的 0.68%；沼泽土土壤面积为 5 241.02 公顷，四级地面积为 77.5 公顷，占全区四级地面积的 3.79%，占本土类土壤面积的 1.48%；新积土土壤面积为 16 799.02 公顷，四级地面积为 1 731.15公顷，占全区四级地面积的 84.65%，占本土类土壤面积的 10.3%。详细情况见表 5-29、表 5-30。

表 5-29　风景区四级地土壤分布面积统计

土壤类型	土壤面积（公顷）	四级地面积（公顷）	占风景区四级地面积（%）	占本土类土壤面积（%）
暗棕壤	34 915.58	236.27	11.56	0.68
草甸土	1 571.64	0	0	0
沼泽土	5 241.02	77.50	3.79	1.48
新积土	16 799.02	1 731.15	84.65	10.30
黑　土	47 472.74	0	0	0

表 5 - 30　五大连池风景区土种四级地面积分布统计表

单位：公顷

土　种	薄层黄土质黑土	黄土质草甸暗棕壤	薄层砾质冲积土	泥质暗棕壤	泥沙质暗棕壤	中层黄土质草甸黑土	薄层黏质草甸沼泽土	中层黏质草甸土
四级地面积	0	182.10	1 731.15	52.80	1.37	0	77.50	0
占本土种面积（%）	0	15.40	100	100	100	0	100	0
占一级地面积（%）	0	8.90	84.66	2.58	0.07	0	3.79	0
总面积	12 765.71	1 180.04	1 731.15	52.80	1.37	56.79	77.50	565.74

通过本次耕地地力调查分析，五大连池风景区四级地耕地行政分布面积具体情况分别为：五大连池镇土壤面积为 7 038.45 公顷，四级地面积为 1 066.35 公顷，占全区四级地面积的 52.2%，占本乡土壤面积的 15.1%；林业土壤面积为 2 322.12 公顷，四级地面积为 974.23 公顷，占全区四级地面积的 47.6%，占本乡土壤面积的 42%；国有农场土壤面积为 7 070.53 公顷，四级地面积为 4.34 公顷，占全区四级地面积的 0.2%，占本乡土壤面积的 0.1%。详细情况见表 5 - 31。

表 5 - 31　风景区四级地耕地行政分布面积统计

项　目	土壤面积（公顷）	四级地面积（公顷）	占风景区四级地面积（%）	占本区土壤面积（%）
国有农场	7 070.53	4.34	0.2	0.1
林　业	2 322.12	974.23	47.6	42
五大连池镇	7 038.45	1 066.35	52.2	15.1
合　计	16 431.1	2 044.92		

四级地大多处在低坡地和低平原上，坡度大部分大于 2.8°，有中度的土壤侵蚀。黑土层厚度基本上为 10~15 厘米，土壤多为块状结构，土壤呈微酸性，pH 为 5.8~6.8。土壤有机质含量也较高，平均为 67.45 克/千克。养分含量中等，全氮平均为 3.20 克/千克，碱解氮平均为 290.42 毫克/千克，有效磷平均为 68.73 毫克/千克，速效钾平均为 179.38 毫克/千克。保肥性能较好，土壤的蓄水和抗旱、排涝能力中等偏下。该级地亦属中低适应性土壤，适于种植除大豆以外的多种作物，产量水平一般为 6 000~7 500 千克/公顷，见表 5 - 32。

表 5 - 32　四级地耕地土壤化学性状统计

项　目	平均值	样本值分布范围
有机质（克/千克）	67.45	43.64~178.86
有效锌（毫克/千克）	0.81	0.46~1.28
速效钾（毫克/千克）	179.38	18~366
有效磷（毫克/千克）	68.73	22.81~274.5
全氮（克/千克）	3.20	2.84~3.75
碱解氮（毫克/千克）	290.42	217~394.63
pH	6.10	5.83~6.81

第四节 耕地地力质量评价结果分析

一、耕地地力等级变化

这次耕地地力质量评价结果显示，五大连池风景区耕地地力等级结构发生了较大的变化。高产田土壤养分含量减少，比例由第二次土壤普查时的 14.7% 下降到 14.1%；中产田土壤增加，比例由第二次土壤普查时的 67.6% 增加到 73.5%；低产田土壤也减少，比例由第二次土壤普查时的 17.6% 下降到 12.5%。中低产田合计比第二次土壤普查时增加 0.8%，等级变化不明显。

二、耕地地力调查土壤肥力状况

本次耕地地力质量评价工作，共对 705 个土样的有机质、全氮、碱解氮、有效磷、速效钾、有效铜、锌、pH 等进行了分析。

1. 土壤有机质 调查结果表明，五大连池风景区耕地土壤有机质平均含量为 65.13 克/千克，变化幅度为 42.86～114.3 克/千克；第二次土壤普查时平均含量为 85.0 克/千克。有机质平均下降了 19.87 克/千克。耕层有机质分析统计见表 5-33。

表 5-33　耕层有机质分析统计

单位：克/千克

项　　目	平均值	最大值	最小值	面积分级统计（%）			
				一级 （>60）	二级 （40～60）	三级 （30～40）	四级 （20～30）
国有农场	67	92	43.6	0.9	0.1	0	0
林　业	55.6	72	43.6	0.06	0.94	0	0
五大连池镇	72.8	178.9	41.4	0.72	0.28	0	0

2. 土壤碱解氮 五大连池风景区耕地土壤中碱解氮平均含量为 276.2 毫克/千克，变化幅度为 195.47～368.4 毫克/千克；第二次土壤普查时平均含量为 375 毫克/千克。土壤碱解氮平均下降了 98.8 毫克/千克。耕层碱解氮分析统计见表 5-34。

表 5-34　耕层碱解氮分析统计

单位：毫克/千克

项　　目	平均值	最大值	最小值	面积分级统计（%）			
				一级 （>250）	二级 （180～250）	三级 （150～180）	四级 （<150）
国有农场	278.4	389.3	203.2	270.39	287.27	277.61	285.39
林　业	273.3	321.3	219.2	0	259.10	267.71	278.97
五大连池镇	276.9	394.6	164.0	283.28	266.62	265.30	301.48

3. 全氮　五大连池风景区耕地土壤中碱解氮平均含量为 3.13 克/千克，变化幅度为 2.73～3.68 克/千克；第二次土壤普查时平均含量为 3.0 克/千克。土壤中碱解氮平均上升了 0.13 克/千克。耕层全氮分析统计见表 5-35。

表 5-35　耕层全氮分析统计

单位：克/千克

项　目	平均值	最大值	最小值	面积分级统计（%）			
				一级（>2.50）	二级（2～2.5）	三级（1.5～2）	四级（<1.5）
国有农场	3.12	3.32	2.85	3.14	3.13	3.11	3.03
林　业	3.17	3.31	2.85	0	3.20	3.14	3.19
五大连池镇	3.11	4.40	2.50	3.16	3.14	2.93	3.22

　　五大连池风景区耕地土壤中有效磷平均含量为 72.94 毫克/千克，变化幅度为17.16～223.25 毫克/千克；第二次土壤普查时平均含量为 12.5 毫克/千克。土壤中有效磷平均上升了 60.44 毫克/千克。耕层有效磷分析统计见表 5-36。

表 5-36　耕层有效磷分析统计

单位：毫克/千克

项　目	平均值	最大值	最小值	面积分级统计（%）			
				一级（>60）	二级（40～60）	三级（20～40）	四级（10～20）
国有农场	82.26	242.8	16.73	117.60	112.36	41.74	49.11
林　业	47.76	152.45	16.73	0	48.12	38.24	55.68
五大连池镇	88.81	274.5	18.04	115.53	95.52	59.58	8.19

5. 速效钾　本次调查五大连池风景区耕地土壤中速效钾平均含量为 171.14 毫克/千克，变化幅度为35～343.66 毫克/千克；第二次土壤普查时土壤速效钾平均为 373.8 毫克/千克。与第二次土壤普查相比，速效钾降低了 202.66 毫克/千克。耕层速效钾分析统计见表5-37。

表 5-37　耕层速效钾分析统计

单位：毫克/千克

项　目	平均值	最大值	最小值	面积分级统计（%）					
				一级（>200）	二级（150～200）	三级（100～150）	四级（50～100）	五级（30～50）	六级（≤30）
国有农场	167.22	299	20	185.21	139.31	173.74	173.5	0	0
林　业	196.88	366	80	0	230	197.8	193.9	0	0
五大连池镇	149.33	366	5	168.70	132.77	142.86	166.13	0	0

6. 有效铜　五大连池风景区耕地土壤中有效铜平均含量为 2 克/千克，变化幅度为 1.4～2.66 毫克/千克。耕层有效铜分析统计见表 5-38。

表 5 - 38　耕层有效铜分析统计

单位：毫克/千克

项　　目	平均值	最大值	最小值	面积分级统计（%）				
				一级 （>1.8）	二级 （1~1.8）	三级 （0.4~1）	四级 （0.2~0.4）	五级 （0.1~0.2）
国有农场	1.98	2.69	1.4	1.96	1.89	2.06	2.03	0
林　　业	1.93	2.44	1.4	0	1.78	1.95	1.92	0
五大连池镇	2.10	2.87	1.4	1.93	2.13	2.18	2.11	0

7. 有效锌　五大连池风景区耕地土壤中有效锌平均含量为 0.79 毫克/千克，变化幅度为0.48~1.44毫克/千克。耕层有效锌分析统计见表 5 - 39。

表 5 - 39　耕层有效锌分析统计

单位：毫克/千克

项　　目	平均值	最大值	最小值	面积分级统计（%）			
				一级 （>2）	二级 （1.5~2）	三级 （1~1.5）	四级 （0.5~1）
国有农场	0.78	1.48	0.53	0.83	0.80	0.75	0.81
林　　业	0.78	1.48	0.47	0	0.68	0.79	0.79
五大连池镇	0.81	1.37	0.46	0.88	0.77	0.79	0.82

三、影响因素及其成因

1. 干旱　调查结果表明，土壤干旱已成为当前限制农业生产的最主要障碍因素。

五大连池风景区属于寒温带大陆性季风气候，常年平均降水量为 400~600 毫米。年际间变化较大，年最大降水量为 629 毫米，年最小降水量为 359 毫米，降水量变化率为 37%。由于季风影响，降水多集中在 6~8 月份，降水量为 379.5 毫米，占全年降水量的 67.5%。年平均蒸发量为 1 584.25 毫米，全年蒸发量是降水量的 2.7 倍，且初春 3~4 月份蒸发量最大，因此"十年九春旱"。

境内主要水系有石龙河和运河。30 多条河流纵横交错，300 多泉眼星罗棋布，水资源总量达 28 亿立方米。石龙河主要支流有 10 个火山堰塞湖，流过五大连池风景区全境，最后注入讷莫尔河，在景区境内长达 8 千米，流域面积 7 400 平方千米。

调查结果表明，现行的耕作制度也是造成土壤干旱的主要因素。自 20 世纪 80 年代初开始，随着农村的农业机械由集体保有向个体农户保有、农机具由以大型农业机械为主向小型农业机械为主的转变，五大连池风景区土壤的耕作制度也发生了很大变化。传统的用大马力拖拉机进行连年秋翻、整地作业和以畜力为主要动力实施各种田间作业的传统耕作制度，逐步被以小四轮拖拉机为主要动力进行灭茬、整地、施肥、播种、镇压及中耕作业的耕作制度所代替。由于小型拖拉机功率小，不能进行秋翻；灭茬时旋耕深度浅，作业幅度窄，仅限于垄台，难以涉及垄帮底处；整地、播种、施肥及蹚地等田间作业也均很少能触动垄帮底处。由于耕层薄，有效土壤量减少，土壤容重增大，孔隙度缩小，通透性变差，持水量降低，导致土壤蓄水保墒能力下降。由此可见，五大连池风景区现行的耕作制度对耕层土壤接纳大气降水极为不利，造成了有限的降水利用率低下，从而导致土壤持续发生干旱。而农业机械合作社的建立解决了整地质量问题，通过大型农业机械的耕翻、深松逐渐打破犁底层，耕层逐渐下移，耕层厚度逐渐增加。

2. 瘠薄　这次调查显示，五大连池风景区基本农田保护区内耕地土壤土层厚度小于20厘米的面积大约有 6 144.83 公顷。这部分耕地土层较薄，土壤结构较差，养分含量相对较低。另外，所处地形部位较高，易跑水跑肥，因此绝大部分为中低产田土壤。土壤瘠薄产生的原因：一是自然因素形成的，如沙土，由于形成年代短、土层薄，有机质含量低、土壤养分少，肥力低下；二是现行的耕作制度是造成土层变薄的一个重要因素。由于连年小型机械浅翻作业，犁底层紧实，导致土壤接纳降水的能力较低，容易产生径流；同时，地表长期裸露休闲，破坏了土壤结构，在干旱多风的春季容易造成表层黑土随风移动，即发生风蚀。三是有机肥减少。在 20 世纪 80 年代以前，农民一直把增施有机肥作为增产的一项重要措施。但近年来，随着化肥用量的猛增，有机肥料用量下降 95％ 以上的地多年来一直没有有机肥的施入，影响了土壤肥力的维持和提高。

第六章 耕地区域配方施肥

通过耕地地力评价，建立了较完善的土壤数据库，科学合理地划分了区域施肥单元，避免了过去人为划分施肥单元指导测土配方施肥的弊端。过去在测土施肥确定施肥单元方面，多采用区域土壤类型、基础地力产量、农户常年施肥量等粗略地为农民提供配方。这次地力评价是采用地理信息系统提供的多项评价指标，综合各种施肥因素和施肥参数来确定较精确的施肥单元。主要根据耕地质量评价情况，按照耕地所在地的养分状况、自然条件、生产条件及产量状况，结合五大连池风景区多年的测土配方施肥肥效小区的试验工作，按照不同地力等级情况确定了玉米、大豆两大主栽作物的施肥比例，同时对施肥配方按照高产区和中低产区进行了细化，在大配方的基础上，制定了按土测值、目标产量及种植品种特性确定的精准施肥配方。五大连池风景区共确定了340个施肥单元，其中，不重复图斑代码72个。综合评价了各施肥单元的地力水平，为精确科学地开展测土配方施肥工作提供依据。本次地力评价为五大连池风景区所确定的施肥分区，具有一定的针对性、精确性和科学性，完成了测土配方施肥技术从估测分析到精准实施的提升过程。

第一节 施肥区划分

五大连池风景区内的大豆区，按产量、地形、地貌、土壤类型、≥10℃有效积温、土壤养分及土壤属性等可划分为3个测土施肥区域。

一、高产田施肥区

通过对全区耕地进行评价，将风景区耕地划分为3个施肥区。一级地力耕地2 316.45公顷，占耕地面积的14.1%，也是五大连池风景区的高产田施肥区。一级地所处地势平缓，主要分布在中部和东北部的平原上。一级地耕层深厚，大多数为20～45厘米，基本没有侵蚀和障碍因素。黑土层深厚，绝大多数在20厘米以上。结构较好，多为粒状或小团块状结构。质地适宜，一般为中壤和轻黏土。微生物活动旺盛，潜在肥力容易发挥，施肥见效快；土壤容重平均为1.16克/立方厘米，变化幅度为1.03～1.3克/立方厘米。土壤有机质含量平均为65.15克/千克，变化幅度为42.91～114.21克/千克。土壤pH平均为6.10，变化幅度为5.62～7.36，土壤酸度集中在5.5～6.5。土壤有效磷平均为72.94毫克/千克，变化幅度为17.16～223.25毫克/千克。土壤速效钾平均为171.14毫克/千克，变化幅度为35～343.66毫克/千克；土壤全氮含量平均为3.13克/千克，变化幅度为2.73～3.67克/千克。其他微量元素都达到了丰富水平，保肥性能好，抗旱、排涝能力强。该级地属高肥广适应性土壤，适于种植大豆、玉米和杂粮等作物，产量水平较高。

二、中产田施肥区

二级、三级地是五大连池风景区中产田施肥区，合计面积为 12 069.73 公顷，占 73.5%。中产田施肥区大都处在丘陵和平原的岗地上或洼地上，坡度大部分小于 2°，有轻度到中度土壤侵蚀。黑土层厚度基本为 7~35 厘米。土壤多为块状结构和小粒状，质地为重壤土至轻黏土和中黏土。二级、三级地主要分布在平坦的漫岗平原上，所处地形也较为平缓，坡度一般小于 2.5°。绝大部分耕地没有侵蚀或者侵蚀较轻，基本上无障碍因素。黑土层也较深厚，一般大于 23 厘米。结构较好，多为粒状或小团块状结构。质地适宜，一般为壤土或沙质黏壤土。土壤容重基本适中。土壤绝大多数偏酸性，少数呈中性，pH 在 6.0 左右范围内。土壤有机质含量高，平均含量为 66.82 克/千克。全氮平均为 3.1/千克，碱解氮平均为 272.88 毫克/千克，有效磷平均为 73.67 毫克/千克，速效钾平均为 153.29 毫克/千克。保肥性能较好，抗旱、排涝能力也很强。该级地亦属高肥广适应性土壤，适于种植大豆、玉米等各种作物，产量水平也比较高。

三、低产田施肥区

五大连池风景区四级地耕地面积为 2 044.92 公顷，占基本耕地面积的 12.4%。土壤容重偏高，四级地大多处在低坡地和低平原上，坡度大部分大于 2.8°，有中度的土壤侵蚀。黑土层厚度基本在 10~15 厘米。土壤多为块状结构，土壤呈微酸性，pH 平均为 6.1。土壤有机质含量较高，平均为 67.45 克/千克。养分含量中等，全氮平均为 3.20 克/千克，碱解氮平均为 290.42 毫克/千克，有效磷平均为 68.73 毫克/千克，速效钾平均为 179.38 毫克/千克。保肥性能较好，土壤的蓄水和抗旱、排涝能力中等偏下。该级地也属中低适应性土壤，适于种植除大豆以外的多种经济作物，产量水平比高产田和中产田略低。

第二节　施肥分区施肥方案

一、施肥区土壤理化性状

根据施肥分区，统计各区理化性状见表 6-1。

表 6-1　区域施肥区土壤理化性状统计

区域施肥区	pH	有机质 （克/千克）	有效磷 （毫克/千克）	速效钾 （毫克/千克）	全氮 （克/千克）
高产田施肥区	6.10	65.15	72.94	171.14	3.13
中产田施肥区	6.04	66.82	73.67	153.29	3.10
低产田施肥区	6.10	67.45	68.73	179.38	3.20

高产田施肥区各养分适中；中产田施肥区速效钾和全氮偏低；低产田施肥区有效磷偏

低。虽然有机质、速效钾、全氮偏高，但存在不少障碍因素。

二、推荐施肥原则

合理施肥是指在一定的气候和土壤条件下，为栽培某种作物所采用的正确的施肥措施，包括有机肥料和化学肥料的配合、各种营养元素的比例搭配、化肥品种的选择、经济的施肥量、适宜的施肥时期和施肥方法等。合理施肥所要求的两个重要指标是提高肥料利用率和提高经济效益，增产增收。不少试验证明，在作物生长发育所需的其他各项生活条件都适宜时，合理施肥的增产作用可达到全部增产作用的 50% 以上。可见，合理施肥是一项重要的增产措施。要想做到合理施肥，必须坚持如下几项基本原则：

1. 根据作物不同生育时期所需的营养特性进行合理施肥　在各个生育时期，作物对养分的吸收数量、比例是不同的。总的规律是，作物生长初期吸收数量、强度都较低，随着作物的生长，对营养物质的吸收逐渐增加，形成养分吸收高峰，到成熟阶段又趋于减少。养分吸收高峰和各生长期对养分吸收的数量和比例的要求，不同作物是有差别的。例如，禾本科作物的养分吸收高峰大致在拔节期，而开花期对养分需求量则有所下降。玉米不同生育时期对氮、磷、钾的吸收与干物质积累过程相一致，幼株吸收养分的速率慢，开花期以后增快，植株开始衰老，吸收速率降低。在籽粒开始形成以前，植株已吸收 60% 的氮、55% 的磷和 60% 的钾。

2. 根据土壤养分状况合理施肥　土壤是农业生产的宝贵财富。土壤中的有机质和氮、磷、钾等是作物养分的基本来源。由于土壤类型、熟化程度和利用方式不同，各种土壤养分含量是不一样的。能够及时供给作物生长发育的氮素叫碱解氮，这部分氮素以无机态（铵态和硝态）和简单的有机态存在于土壤中。土壤中的磷大部分是难溶态的，作物很难吸收利用，只有少部分是水溶态的，这部分称为有效磷，据试验，一般当有效磷低于 5 毫克/千克时，作物会出现严重的缺磷现象；有效磷高于 20 毫克/千克时，磷素能满足作物生长。土壤中的钾多以无机态存在。因此，在施肥上应根据土壤养分状况，增施有机肥、稳施氮肥、巧施磷肥、普施钾肥，并配合施用锌、硼、钼等微肥。

3. 根据肥料特性施肥　肥料特性不同，其性质也不一样。因此，在合理施肥上采用的施肥方法也不尽相同。

4. 以有机肥为主、化肥为辅，基肥为主、追肥为辅，氮、磷、钾肥料配合　有机肥料不仅肥源广阔、施用经济，而且含有作物所需要的多种营养元素。长期施用，可以改善土壤物理性状，提高土壤肥力，这是化学肥料所不能比拟的。所以，在作物施肥上，应本着有机肥为主、化肥为辅的原则进行施肥。

三、推荐施肥方案

五大连池风景区按着高产田施肥区域（一级地）、中产田施肥区域（二级、三级地）和低产田施肥区域（四级地）3 个施肥区域，按着不同施肥单元，制定了大豆各个施肥区域的推荐方案（表 6-2）。

表6-2　五大连池风景区大豆不同土壤施肥模式

单位：千克/公顷

地力等级		目标产量	有机肥	尿素	二胺	氯化钾	纯氮	纯磷	纯钾	氮：磷：钾
高产田	一级	9 000~105 000	15 000	40	125	35	40.90	57.50	21.00	1：1.41：0.51
中产田	二级	7 500~9 000	14 000	35	100	28	34.10	46.00	16.80	1：1.35：0.49
	三级									
低产田	四级	6 000~7 500	16 000	30	80	25	28.20	36.80	15.00	1：1.30：0.53

在肥料施用上，提倡底肥、口肥和追肥相结合。氮肥：全部氮肥的1/3做底肥，2/3做追肥。磷肥：全部磷肥的70%做底肥，30%做口肥（水肥）。钾肥：做底肥，随氮肥和磷肥、有机肥深层施入。

1. 分区施肥属性查询　这次耕地地力调查，共采集土样705个，确定了速效钾、有效磷、耕层厚度、有机质、地貌类型、地形部位、质地、障碍层类型共11项评价指标。在地力评价数据库中，建立了耕地资源管理单元图和土壤养分分区图。形成了有相同属性的施肥管理单元340个，按照不同作物、不同地力等级产量指标和地块、农户综合生产条件可形成针对地域分区特点的区域施肥配方；针对农户特定生产条件的分户施肥配方。

2. 施肥单元关联施肥分区代码　根据3414试验、肥效校正试验、多年氮磷钾最佳施肥量试验建立起来的施肥参数体系和土壤养分丰缺指标体系，选择适合五大连池风景区特定施肥单元的测土施肥配方推荐方法（养分平衡法、丰缺指标法、氮磷钾比例法、以磷定氮法、目标产量法），计算不同级别施肥分区代码的推荐施肥量（N、P_2O_5、K_2O）。详见表6-3。

表6-3　施肥分区代码与作物（大豆）施肥推荐关联查询

施肥分区代码	碱解氮含量（毫克/千克）	纯氮施肥量（千克/亩）	有效磷含量（毫克/千克）	五氧化二磷施肥量（千克/亩）	速效钾含量（毫克/千克）	氯化钾施肥量（千克/亩）
1	>250	1	>60	3.5	>200	2
2	180~250	1.25	40~60	4	150~200	2.4
3	150~180	1.5	20~40	4.5	100~150	2.8
4	120~150	2	10~20	5	50~100	3.2
5	80~120	2	5~10	5.5	30~50	3.6
6	<80	4	<5	6	<30	4

第七章　耕地地力评价与平衡施肥

第一节　开展专题调查的背景

一、肥料使用的沿革

五大连池风景区垦殖已有100多年的历史，肥料应用也有近50年的历史。从肥料应用和发展的历史来看，大致可分为4个阶段：

1. 20世纪60年代以前　耕地主要依靠有机肥料来维持作物生产和保持土壤肥力。作物产量不高，施肥面积约占耕地面积的80%左右，应用作物主要是大豆、小麦、玉米和水稻等作物。化肥应用总量达300吨，都是以硫酸铵硫酸氢铵为主的氮素肥料，主要用做追肥。

2. 20世纪70～80年代　仍以有机肥为主、化肥为辅。化肥主要靠国家计划调拨，总量达1 000多吨，应用作物主要是粮食作物和少量经济作物。除氮肥外，磷肥也得到了一定范围的推广应用。主要是硝酸铵、硫酸铵、氨水和过磷酸钙。

3. 20世纪80～90年代　十一届三中全会后，农民有了土地的经营自主权。随着化肥对粮食生产作用的显著提高，农民对化肥形成了强烈的需求，化肥开始大面积推广应用。化肥总量达到5 000吨，平均公顷用肥达0.32吨，施用有机肥的面积和数量逐渐减少。20世纪90年代初开展了因土、因作物的诊断配方施肥，氮、磷、钾的配施在农业生产上得到了应用。氮肥主要是硝酸铵、尿素、硫酸铵、硫酸氢铵；磷肥以磷酸二铵为主；钾肥、复合肥、微肥、生物肥和叶面肥推广面积也逐渐增加。

4. 20世纪90年代至今　随着农业部配方施肥技术的深化和推广，黑龙江省土壤肥料工作站先后开展了推荐施肥技术和测土配方施肥技术的研究与推广，广大土肥科技工作者积极参与，针对当地农业生产实际进行了施肥技术的重大改革。

二、化肥的使用情况

从1986年起，五大连池风景区化肥施用品种逐年增多，到2000年达到二十几种。主要有：氮肥有尿素、硫包衣、长效尿素、硝酸铵；磷肥有重过磷酸钙、过磷酸钙；钾肥有硫酸钾、氯化钾；复合肥有撒可富、六国复合肥等。从俄罗斯进口的磷酸一铵、二元素、三元素等。2000年至今，国内生产的化肥品种繁多，在生产上应用广泛。如国产二铵、三元素复合肥、撒可富复合肥、西洋复合肥、大豆专用肥、小麦专用肥、蔬菜专用肥、瓜果专用肥等；有各种微肥，如多元微肥、磷酸二氢钾、硼钼微肥、水稻专用硅肥；也有根瘤菌肥和生物肥，如生物钾、土壤磷素活化剂、史丹利复合肥等；还有各种生长调节剂、丰产素等。五大连池风景区化肥使用情况见表8-1。

表 7-1 五大连池风景区化肥使用情况统计

单位：吨

年度	实物量	折纯量	年度	实物量	折纯量
1988	510	311.7	1999	937	572.8
1989	587	358.5	2000	2 138	1 307.1
1990	551	336.8	2001	2 246	1 373.1
1991	662	404.6	2002	2 066	963
1992	805	492.2	2003	2 578	1 576
1993	977	597.2	2004	2 629	1 607.3
1994	830	507.3	2005	2 492	1 523.6
1995	840	513.6	2006	2 850	1 742.3
1996	970	592.9	2007	4 530	2 769.5
1997	933	570.2	2008	5 000	3 056.9
1998	1 033	631.4	2009	5 355	3 274.2

第二节 开展专题调查的必要性

耕地是作物生长的基础，了解耕地土壤的地力状况和供肥能力是实施平衡施肥最重要的技术环节。因此，开展耕地地力调查，查清耕地的各种营养元素的状况，对提高科学施肥技术水平、提高化肥的利用率、改善作物品质、防止环境污染、维持农业可持续发展等都有着重要的意义。

一、保证粮食安全的需要

保证和提高粮食产量是人类生存的基本需要。粮食安全不仅关系到经济发展和社会稳定，还有深远的政治意义。近几年来，我国一直把粮食安全作为各项工作的重中之重。随着经济和社会的不断发展，耕地逐渐减少和人口不断增加的矛盾将更加激烈，21世纪人类将面临粮食等农产品不足的巨大压力。五大连池风景区作为国家AAAAA级旅游景区，以旅游服务业为支柱型产业，以旅游业带动农业发展，必须充分发挥农业科技保证粮食的持续稳产和高产。平衡施肥技术是节本增效、增加粮食产量的一项重要技术。随着作物品种的更新和布局的变化，土壤的基础肥力也发生了变化。在原有基础上建立起来的平衡施肥技术，适应新形势下粮食生产的需要。必须结合本次耕地地力调查和评价结果对平衡施肥技术进行重新研究，制定适合本地生产实际的平衡施肥措施。

二、增加农民收入的需要

目前，五大连池风景区农民的粮食生产收入依然占其年总收入的很大比重，仍然是维持当地农民生产和生活所需的根本。在现有条件下，自然生产力低下，农民不得不靠投入大量化肥来维持粮食的高产。化肥投入占整个生产性投入的 50% 以上，但化肥的施用效益却逐年下降。如何科学合理地搭配肥料品种和施用技术，以期达到提高化肥利用率、增加产量和提高效益的目的？要实现这一目的，必须结合本次耕地地力评价进行平衡施肥。

三、实现绿色农业的需要

农产品流通不畅，主要是由于质量低、成本高造成的。农业生产必须从单纯地追求高产、高效向绿色（无公害）农产品方向发展，这对施肥技术提出了更高、更严的要求。这些问题的解决，都必须要求了解和掌握耕地土壤肥力状况，掌握绿色（无公害）农产品对肥料施用的质化和量化要求。对平衡施肥技术提出了更高、更严的要求，所以，必须进行平衡施肥的专题研究。

通过调查可以看出，五大连池风景区的化肥品种已由过去的单质尿素、磷酸二铵、钾肥向高浓度复合肥、长效化复合（混）肥、缓释肥、硫包衣长效肥等方向发展，复合肥比例已上升到 40.2% 左右。在 200 个被调查的农户中，有 80% 的农户能够做到氮、磷、钾搭配施用，20% 的农户还是使用磷酸二铵、尿素。

从不同施肥区域看，五大连池镇大豆高产区域，整体施肥水平较高，平均公顷施肥量为 250 千克，氮、磷、钾施用比例为 1∶1.6～1.8∶0.7。低产区林业施肥水平也相对较低，并且施肥比较单一。施钾肥和微量元素的很少，平均公顷施肥总量在 205 千克左右。而且，氮、磷、钾的施肥比例不合理。调查表明，低产区氮、磷、钾施用比例大体是 1∶2∶0.5。只要合理地调整好施肥布局和施肥结构，仍有一定的增产潜力。

第三节 耕地土壤养分与肥料施用存在的问题

一、耕地土壤养分失衡

本次调查表明，五大连池风景区耕地土壤中大量营养元素有所改善，特别是土壤有效磷增加的幅度比较大，这有利于土壤磷库的建立。但需要特别指出的是，五大连池风景区耕地中土壤缺钼、缺硼现象比较严重。例如，清泉村一户农民种植的 6 公顷大豆，植株长势非常旺盛，根系发育也非常好，但就是到了开花结荚时开花数量很少。当时，五大连池风景区没用开展微量元素的土壤化验工作，后经化验是由于缺微量元素钼所造成的。后来，通过用钼酸铵和种衣剂进行大豆拌种，开花不结荚的问题才得到了解决。

二、肥料施用存在的问题

1. 重化肥轻农肥的倾向严重，有机肥投入少、质量差 目前，农业生产中普遍存在着重化肥轻农肥的现象。过去传统的积肥方法已不复存在。由于农村农业机械的普及，有机肥源相对集中在少量养殖户家中，这势必造成农肥施用的不均衡和施用总量的不足。在农肥的积造上，由于没有专门的场地，农肥积造过程基本上是露天存放，风吹雨淋势必造成养分的流失，使有效养分降低，影响有机肥的施用效果。

2. 化肥的施用比例不合理　化肥的施用量逐年增加，但施用量并不是完全符合作物生长所需。化肥投入氮肥偏少、磷肥偏高、钾肥不足，造成了氮、磷、钾比例失调。加之施用方法不科学，特别是有些农民为了省工省时，未从耕地土壤的实际情况出发，实行一次性施肥不追肥，这样在暗棕壤、耕层薄的地块，容易造成养分流失、脱肥。尤其是氮肥流失严重，降低肥料的利用率。作物高产限制因素未消除，大量的化肥投入并未发挥出群体增产优势，高投入未能获得高产出。因此，应根据土壤类型的实际情况，有针对性地制定施肥指导意见。

3. 平衡施肥服务不配套　平衡施肥技术已经普及推广了多年，并已形成一套比较完善的技术体系。但在实际应用过程中，技术推广与物资服务相脱节，购买不到所需肥料，造成平衡施肥难以发挥应有的科技优势。而我们在现有的条件下不能为农民提供测、配、产、供、施配套服务。今后，应探索一条方便快捷、科学有效的技物相结合的服务体系。

第四节　平衡施肥对策

五大连池风景区通过开展耕地地力质量评价、施肥情况调查和平衡施肥技术，总结五大连池风景区总体施肥概况为：总量偏高、比例不合理。具体表现在氮肥普遍偏低，磷肥投入偏高，钾和微量元素肥料相对不足。根据五大连池风景区农业生产的实际情况，科学合理施肥总的原则是增氮、减磷、加钾和补微。围绕种植业生产，制定出平衡施肥的相应对策和措施。

一、增施优质有机肥料，保持和提高土壤肥力

积极引导农民转变观念，从农业生产的长远利益和大局出发，加大有机肥积造数量，提高有机肥质量，扩大有机肥施用面积，制定出沃土工程的近期目标。一是在根茬还田的基础上，逐步实行高根茬还田，增加土壤有机质含量。二是大力发展畜牧业，通过过腹还田，补充、增加堆肥、沤肥数量，提高肥料质量。三是大力推广畜禽养殖，将粪肥工厂化处理，发展有机复合肥生产，实现有机肥的产业化、商品化市场。四是针对不同类型的土壤制定出不同的技术措施，并对这些土壤进行跟踪化验，建立技术档案，设点监测观察结果。

二、加大平衡施肥的配套服务

推广平衡施肥技术，关键在技术和物资的配套服务，解决"有方无肥、有肥不专"的问题。因此，要把平衡施肥技术落到实处，必须实行"测、配、产、供、施"一条龙服务。通过配肥站的建立，生产出各施肥区域所需的专用型肥料，农民依据配肥站储存的技术档案购买到自己所需的配方肥，确保技术实施到位。

三、制定和实施耕地保养的长效机制

在《黑龙江省基本农田保护条例》的基础上，尽快制定出适合当地农业生产实际，能有效保护耕地资源，提高耕地质量的地方性政策法规。应建立科学耕地养护机制，使耕地的利用向良性方向发展。

第八章　耕地地力评价与种植业结构调整

第一节　概　　况

五大连池风景区自土地承包到户以来，随着种植品种、种植结构和种植模式的改变，土壤结构发生了很大变化。五大连池风景区开展耕地地力与种植业布局专题调查，目的是了解土壤肥力状况，科学指导农业生产，使五大连池风景区农业向着良性可持续的方向发展。

五大连池风景区现有耕地面积 26 775 公顷，农业人口平均拥有耕地 4 667 平方米。粮豆薯总产为 60 496 吨，总产值为 135.000 元。其中，小麦面积为 3 227 公顷，总产为 15 474吨；大豆面积为 22 566 公顷，总产为 40 091 吨；玉米面积为 667 公顷，总产为 4 181吨；水稻面积为 15 公顷，总产为 75 吨；薯类面积为 15 公顷，总产为 75 吨；其他经济作物如蔬菜、瓜类、芸豆等全区 269 公顷，总产大约为 773 吨。农业总产值为 4 768 万元，农业占大农业总产值的 76.53%，农业人口人均产值 4 560 元。

2010 年，政府通过鼓励农户种植水稻和玉米、降低大豆的种植面积来调整产业结构，实现种植业的合理轮作，用以促进农民增产、增收。

第二节　开展专题调查的背景

一、种植业布局的发展

从风景区种植业的发展情况看，大致分为两个阶段。

第一阶段：家庭承包经营前，多以生产队形式进行集体化耕作，种植业布局以粮食作物和经济作物为主。这在一定程度上能够做到合理轮作。

第二阶段：家庭承包经营后，随着新品种和新技术的应用，粮食单产有了大幅度提高，但也存在作物由多元化向单一化方向转变，具体表现为大豆种植面积不断加大，轮作体系被破坏。随着新品种和新技术的不断应用，大豆单产水平近年来虽然始终维持在每公顷2 250千克左右，但遇到不利的气象条件，单产水平却呈大幅度下滑的趋势。尤其近几年，小麦的种植面积几近为零，了解现有的耕地状况已刻不容缓。

二、开展专题调查的必要性

土壤是农作物赖以生存的基础。土壤理化性状的好坏，直接影响作物的产量。因此，开展耕地地力调查，查清耕地各种营养元素的状况，绘出作物适宜性评价结果图。科学指导农业生产，实现农业良性发展，确保粮食安全，为国家千亿斤粮食工程的顺利实现提供保障。

开展耕地地力调查，了解土壤的养分状况，实现平衡施肥，避免盲目施肥带来的产量降低、肥料利用率差和环境污染等一系列问题。可在等量或减少化肥投入的情况下提高作物产量，达到节本增效的目的。可提高化肥利用率，防治地下水被污染，提高环境保护质量，对发展生态农业和绿色食品生产都具有一定的益处。而且，能最大限度地保证农业收入的稳步增加。

开展耕地地力调查，为农业提供合理布局，降低由于不良的栽培习惯给农作物带来的风险，促进农民增收。近些年，农民在自己的土地上栽培作物的单一化以及过度依赖化肥，使化肥的投入量逐年增加，土壤环境遭到破坏，土壤的养分状况失衡，土壤板结现象日趋严重。做好地力调查，可充分了解土壤状况，降低农民在农业生产中的过度投入，降低生产成本，真正达到农民增产、增收的目标。

第三节　专题调查的方法与内容

采用耕地地力调查与测土配方施肥工作相结合，依据《全国耕地地力调查与质量评价技术规程》规定的程序及技术路线实施的。

利用风景区归并土种后的数据的土壤图、基本农田保护图和土地利用现状图叠加产生的图斑，作为耕地地力调查的调查单元。五大连池风景区耕地面积为 26 775 公顷，样点布设基本覆盖了风景区所有的土壤类型。土样采集是在作物成熟收获后进行的。在选定的地块上进行采样，每 23 公顷布一个点，采样深度为 0～20 厘米。每块地平均选取 7～15 个点混合一个样，用四分法留取土样 1 千克做化验分析，并用 GPS 定位仪进行定位。

第四节　调查结果与分析

各土类不同地力等级面积见表 8-1。

表 8-1　各土类不同地力等级面积统计

单位：公顷

土　类	面　积	一级	二级	三级	四级	五级	占总面积（%）
黑　土	47 472.74	1 750.71	7 969.82	3 101.97	0	0	27.01
草甸土	1 571.64	565.74	0	0	0	0	36.00
暗棕壤	34 915.58	0	0	997.94	236.27	0	3.53
新积土	16 799.02	0	0	0	1 731.15	0	10.31
沼泽土	5 241.02	0	0	0	77.5	0	1.48
合　计	106 000						78.33

风景区主要土壤类型为黑土、草甸土、暗棕壤、新积土和沼泽土。其中，黑土面积为 47 472.74 公顷，占全区本土类总面积的 27.01%；草甸土面积为 1 571.64 公顷，占全区本土类总面积的 36.00%；暗棕壤面积为 34 915.58 公顷，占全区本土类总面积的

3.53%；新积土面积为 16 799.02 公顷，占全区本土类总面积的 10.31%；沼泽土面积为 5 241.02 公顷，占全区本土类总面积的 0.14%。这次耕地地力调查与评价将风景区耕地划分为 5 个等级，所有地理评价占总土地的 73.44%。

五大连池风景区耕地地力等级面积见表 8-2。

表 8-2　五大连池风景区各耕地地力等级面积统计

单位：公顷

项　目	面　积	一级	二级	三级	四级
国有农场	7 070.53	1 091.85	3 813.23	2 161.11	4.34
林　业	2 322.12	0	148.73	1 199.16	974.23
五大连池镇	7 038.45	1 224.6	4 007.86	739.64	1 066.35
合　计	16 431.1	2 316.45	7 969.82	4 099.91	2 044.92

2010 年五大连池风景区不同等级耕地相关属性平均值见表 8-3。

表 8-3　2010 年五大连池风景区不同等级耕地相关属性平均值

项　目	全区	一级	二级	三级	四级	五级
碱解氮（毫克/千克）	276.86	276.74	274.15	271.60	290.42	0
全钾（克/千克）	18.97	19.08	20.22	18.02	18.72	0
有效锌（毫克/千克）	0.8	0.86	0.78	0.77	0.81	0
有效铜（毫克/千克）	2.03	1.95	2.03	2.07	2.02	0
有效锰（毫克/千克）	28.12	26.19	31.30	24.05	32.78	0
有效铁（毫克/千克）	28.20	28.02	29.49	26.95	28.76	0
pH	6.10	6.21	6.05	6.08	6.10	0
有机质（克/千克）	67.81	72.47	70.76	62.87	67.45	0
有效磷（毫克/千克）	79.52	116.58	100.78	46.56	68.73	0
速效钾（毫克/千克）	163.88	177.07	137.28	169.30	179.38	0
全氮（克/千克）	3.12	3.15	3.14	3.06	3.20	0
全磷（克/千克）	0.97	0.97	1.02	1.01	0.84	0
有效土层厚度（厘米）	27.43	31.79	33.87	29.15	10.31	0
耕层厚度（厘米）	22.31	22.04	22.60	22.54	21.78	0
障碍层厚度（厘米）	8.17	5.00	5.00	6.36	19.39	0
海拔（千米）	332.17	321.68	326.03	354.01	312.93	0
容重（克/立方厘米）	1.16	1.15	1.15	1.16	1.20	0
障碍层位置（厘米）	20.64	20.79	20.85	20.30	20.77	0

五大连池风景区土壤有机质含量在 1985 年第二次土壤普查时平均值为 118.48 克/千

克，但到 2010 年下降到 67.81 克/千克，降低了 50.67 克/千克，降幅为 57.23％。综合看来，土壤各方面的性状呈下降的趋势。

第五节　种植业布局

种植业是五大连池风景区区域经济的重要组成部分。在区域经济中，除旅游业一部分外，农业占较大比重。纵观风景区的农业发展，耕地面积在不断扩大，粮食单产和总产都有较大的提升，土地经营向规模化和产业化逐步迈进。为适应新形势下全区的需求，种植业结构在不断地发生变化。

一、大　豆

大豆是五大连池风景区主栽作物之一，是农民收入的主要来源。近几年，受国家政策和市场的影响，销路顺畅。2009 年，全区大豆种植面积为 22 566 公顷，总产量达 40 091吨。2011 年，大豆种植面积为 22 817 公顷，总产量达 53 192 吨。大豆种植面积逐年增加，目前已占总种植面积的 85％以上。由于大豆重迎茬面积大，危害重，土壤环境恶化，大豆病虫害严重，导致大豆单产不高、总产下降，农民收入不稳定。种植结构应调整，压缩大豆种植面积，控制在 60％左右；适当增加小麦种植；扩大玉米、水稻等作物种植面积。

二、玉　米

玉米是风景区粮食作物之一。2009 年，玉米种植面积为 667 公顷，总产量为 4 181吨，单产达 6 268 千克/公顷。2010 年，玉米种植面积为 1 468 公顷，总产量达 12 343吨，单产达 8 408 千克/公顷。2011 年，玉米种植面积为 3 451 公顷，总产量为 34 776吨，单产达 10 077 千克/公顷。3 年来，玉米种植面积和产量不断增加。2011 年种植面积比 2009 年增加了 2 784 公顷，总产量增加了 30 595 吨，单产增加 3 809 千克/公顷。玉米是景区主要发展作物之一，增加玉米面积可以提高风景区粮食单产，增加总产。

玉米对景区畜牧业发展起着举足轻重的作用。玉米具有高产、抗逆性强的特点，为畜牧业发展提供了饲草和饲料。因此，保证了粮食生产安全和畜牧业的健康发展。玉米种植面积在五大连池风景区应加大比重。

三、水　稻

风景区水稻是近年来即将发展的一大作物。2009 年，风景区水稻种植面积为 15 公顷，总产量为 75 吨，单产为 5 000 千克/公顷。到 2011 年，水稻种植面积仍然是 15 公顷，总产量增加到 80 吨，单产为 5 333 千克。

第六节 种植结构调整存在的问题

一、政策扶持与保护力度不够

五大连池风景区现行的农业政策在行政措施、经济手段等方面对种植业虽能有一定的扶持，但由于受到政府财力的限制，扶持的力度不够，种植业还处于较低的水平。

二、品种结构复杂，主产业不突出

目前，五大连池风景区种植业中以大豆为主，其次是玉米和水稻，但没有形成一定的品种规模优势。品种过多、过杂，没有主栽品种，单一品种的面积小。品种过多和分散经营造成五大连池风景区无法形成品牌，大大地限制了优势特色产品的发展。

三、农业基础设施落后

虽然技术力量较为雄厚，但由于硬件设施的不完备，雨养农业的现状还是制约了种植业的发展。

四、农产品加工水平落后

大豆、玉米、水稻是五大连池风景区种植业的主要产品，但几乎没有深加工途径，主要以输出为主，农产品的附加值极低。

第七节 对策与建议

通过开展全区耕地地力调查与质量评价，基本查清了全区耕地类型的地力状况及农业生产现状，为五大连池风景区农业发展及种植业结构优化提供了较可靠的科学依据。种植业结构调整除了因地种植外，还要与风景区的经济、社会发展紧密相连。

一、符合国民经济和社会发展的需求

随着人民群众生活水平和消费层次的不断提高，对自身的生活质量已由原来的数量满足型向质量提高型转变。大力推进农业和农村经济结构的战略性调整，使农业增效、农民增收已经成为农业和农村的重要任务。因此，种植业生产结构和布局的调整要以区场为导向，按区场定生产，发展优势项目。在农村种植业结构调整中，应做到因地制宜、扬长避短，实现人无我有、人有我优、人优我廉。在现有条件下，应在传统的大豆和水稻上做文章，生产绿色水稻、绿色大豆、高油大豆，还有区场较为抢手的芽豆。发挥传统产业的优势，逐步开拓南方市场，形成特色产业，做到基地和企业相结合，形成产供销一体化的产业发展链条。

二、科学发展，使农业向着良性轨道运行

1. 良种良法"配套" 积极推进单产水平的提高和专用化生产。选择先进科学技术是调整种植结构，发展优质、低耗、高效农业的基础。加速科技进步、加强技术创新，是提高农产品区场竞争力的根本途径。优化结构，促进产业升级，除了解决好品种问题之外，还需要有相应配套的现代农业技术作为支撑。应重点加强与新品种相对应的施肥培肥技术、耕作技术等。为促进主要作物专业化生产和满足不同社会需求，重点是发展高油与高蛋白大豆、优质水稻、各种加工专用型与饲用型玉米。

2. 加强标准化生产 从大豆、玉米、水稻等重点粮食作物抓起，把先进适用技术综合组装配套，转化成易于操作的农艺措施，让农民看得见、摸得着、学得来、用得上，用生产过程的标准化保证粮食产品质量的标准化。从种子、整地、播种、田间管理、收获和加工等关键环节抓起，快速提高单位面积产量。在有条件的地方，实行粮食的标准化生产，为高标准搞好春耕生产提供了基础和条件。粮食标准化生产的实施要搞好技术培训，加大高产优质高效粮食生产栽培技术的培训力度，确保技术到村、到户、到地头。

三、加强农业基础设施建设，提高农业抵御自然灾害的能力

1. 加强农业基础设施的投入和体制创新 通过加强农业基础设施的投入和体制创新，以及增加财政用于农业特别是农田水利设施投资的比例，改变五大连池风景区农田水利基础设施落后的面貌。加强基本农田建设，以基本农田建设为重点，改善局地土壤条件，拦蓄降雨，减少径流和土壤流失，提高保水保土保肥能力。

2. 改良土壤 通过深松、精耙中耕、培施改土、合理轮作等措施，促进土壤养分活化。同时，使土壤理化性得以改善，提高土壤蓄水保墒能力。不断加大有机肥的投入量，保持和提高土壤肥力。对中低产田可以通过农艺、生物综合措施进行改良，使其逐步变成高产稳产农田。营造经济型生态林，改善生态环境。同时，要控制工业废料对农田的污染。

3. 发展绿色和特色产业 提高农产品质量安全水平是调整农业结构的有效途径。不仅仅是要调整各种农产品的数量比例关系，更重要的是，要调整农产品品质结构，全面提高农产品质量。减少劣品种的生产、选择优质品种、探索最佳种植模式等，已成为当前农业结构调整的重点。必须大力发展"优质高效"农业，扩大优质产品在整个农产品中所占的比重，实现农产品生产以大路货产品为主向以优质专用农产品为主的转变。

针对五大连池风景区的实际情况，做大做强绿色水稻、玉米、蔬菜、万寿菊等主导产业，同时按照五大连池风景区农村经济发展的战略要求，强化耕地质量管理与保护，优化土地资源配置。

附 录

附录1 五大连池风景区作物适宜性评价专题报告

一、大豆适宜性评价

大豆是五大连池风景区种植面积最大的作物，面积保持在 22 566 公顷。大豆适应性广，耐阴、耐瘠薄。大豆在不同的土壤上表现不一样，差异明显。不同的积温带、不同的耕层厚度、不同的 pH 对大豆的生长均有一定的影响，水溶性硼对大豆产量的影响也很大。因此，适宜性评价时，将根据评价指标的权重进行区分，并进行五大连池的地力评价。

1. 评价指标的标准化

（1）地貌类型。专家评估：地貌类型隶属度评估见附表 1 - 1。

附表 1 - 1 地貌类型隶属度评估

地貌类型	低山	丘陵漫岗	平 原
隶属度	0.5	0.8	1

（2）地形部位。专家评估：地形部位隶属度评估见附表 1 - 2。

附表 1 - 2 地形部位隶属度评估

地形部位	洼地	低山中上部	低山中下部	低山下部	岗地	平地
隶属度	0.1	0.4	0.65	0.75	0.85	1

（3）障碍层类型。专家评估：障碍层隶属度评估见附表 1 - 3。

附表 1 - 3 障碍层隶属度评估

障碍层类型	沙砾层	潜育层	黏盘层
隶属度	0.3	0.6	1

（4）pH。专家评估：pH 隶属度评估见附表 1 - 4。

附表 1-4   pH 隶属度评估

pH	5.5	5.8	6.1	6.4	6.7	7	7.3
隶属度	0.37	0.5	0.67	0.81	0.92	1	0.9

建立隶属函数：pH 土壤耕层厚度隶属函数曲线见附图 1-1。

$$Y = 1/[1 + 0.771188(X - 6.944021)^2]$$

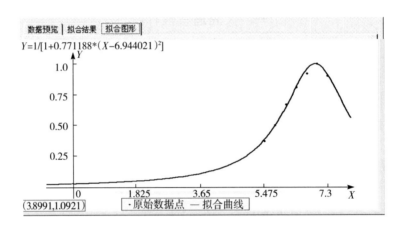

附图 1-1   pH 土壤耕层厚度隶属函数曲线图

（5）质地。专家评估：质地隶属度评估见附表 1-5。

附表 1-5   质地隶属度评估

质　　地	轻壤土	轻黏土	中壤土	重壤土
隶属度	0.5	0.7	0.85	1

（6）障碍层厚度。专家评估：障碍层厚度隶属度评估见附表 1-6。

附表 1-6   障碍层厚度隶属度评估

障碍层厚度	5	9	13	17	21	25
隶属度	1	0.92	0.81	0.67	0.5	0.38

建立隶属函数：障碍层厚度隶属函数曲线见附图 1-2。

$$Y = 1/[1 + 0.003807(X - 4.990531)^2]$$

（7）有效土层厚度。专家评估：有效土层隶属度评估见附表 1-7。

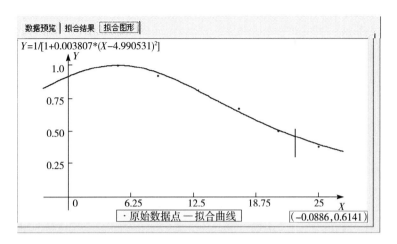

附图 1-2　障碍层厚度隶属函数曲线图

附表 1-7　有效土层隶属度评估

有效土层厚度（厘米）	5	10	15	20	25	30	35
隶属度	0.37	0.48	0.63	0.77	0.88	0.94	1

建立隶属函数：有效土层厚度隶属函数曲线见附图 1-3。

$$Y=1/\left[1+0.001911\left(X-33.330077\right)^2\right]$$

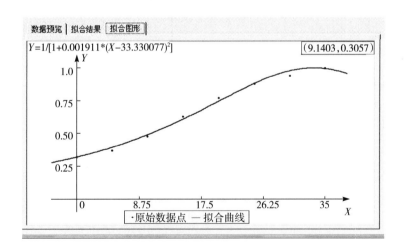

附图 1-3　有效土层厚度隶属函数曲线图

（8）有效磷。专家评估：有效磷隶属度评估见附表 1-8。

附表 1-8　有效磷隶属度评估

有效磷（毫克/千克）	15	25	35	45	55	65	75	85
隶属度	0.21	0.29	0.38	0.53	0.68	0.84	0.95	1.00

建立隶属函数：土壤有效磷隶属函数曲线图（戒上型）见附图1-4。

$$Y=1/[1+0.000747(X-80.970058)^2] \quad C=80.970058 \quad U=1$$

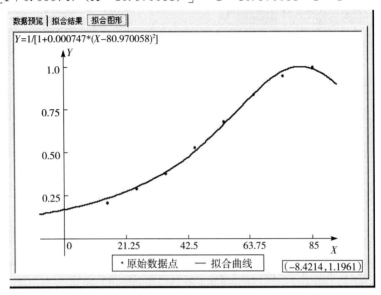

附图1-4　土壤有效磷隶属函数曲线图（戒上型）

（9）有效锌。专家评估：有效锌隶属度评估见附表1-9。

附表1-9　有效锌隶属度评估

有效锌（毫克/千克）	0.4	0.6	0.8	1.0	1.2	1.4	1.6
隶属度	0.38	0.50	0.64	0.76	0.89	0.96	1.0

建立隶属函数：土壤有效锌隶属函数曲线图（戒上型）见附图1-5。

$$Y=1/[1+0.000322(X-66.864783)^2] \quad C=66.864783 \quad U=0.5$$

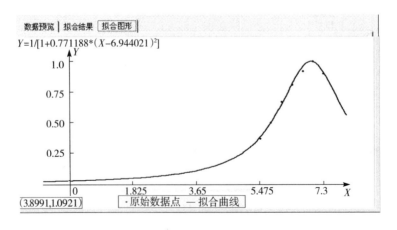

附图1-5　土壤有效锌隶属函数曲线图（戒上型）

（10）速效钾。专家评估：速效钾隶属度评估见附表1-10。

附表 1 - 10　　速效钾隶属度评估

速效钾（毫克/千克）	10	50	90	130	170	210	250	290	330
隶属度	0.22	0.28	0.34	0.46	0.60	0.74	0.89	0.98	1.0

建立隶属函数：土壤速效钾隶属函数曲线图（戒上型）见附图1-6。
$$Y=1/\left[1+0.000\,038\,(X-307.446\,133)^2\right] \qquad C=307.446\,133 \quad U=10$$

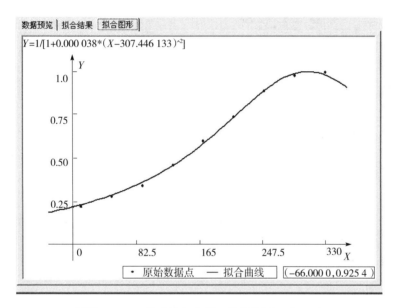

附图 1-6　土壤速效钾隶属函数曲线图（戒上型）

2. 确定指标权重　采用层次分析法确定每一个评价因素对耕地综合地力的贡献大小。

（1）构造评价指标层次结构图。根据各个评价因素间的关系，构造了如附图1-7所示的层次结构图。

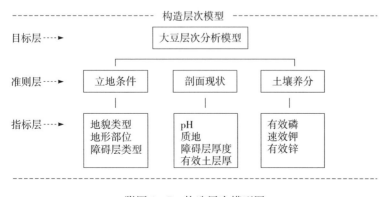

附图 1-7　构造层次模型图

（2）建立判断矩阵。采用专家评估法，比较同一层次各因素对上一层次的相对重要性，给出数量化的评估。专家评估的初步结果经合适的数学处理后（包括实际计算的最终结果——组合权重）反馈给专家，请专家重新修改或确认。经多轮反复，形成最终的判断矩阵（附图1-8）。

附图1-8 层次分析构造矩阵

（3）确定各评价因素的综合权重。利用层次分析计算方法确定每一个评价因素的综合评价权重。评价指标的专家评估及权重值见附图1-9。

3. 评价结果与分析 层次分析结果见附表1-11。大豆耕地适宜性等级划分见附图1-10。

附表1-11 层次分析结果

层次 A	层次 C			组合权重 $\sum C_i A_i$
	立地条件 0.530 5	剖面现状 0.378 9	土壤养分 0.090 6	
地貌类型	0.328 2			0.174 1
地形部位	0.433 1			0.229 7
障碍层类型	0.238 7			0.126 7
pH		0.170 7		0.064 7
质地		0.369 1		0.139 9
障碍层厚度		0.193 2		0.073 2
有效土层厚度		0.267 0		0.101 2
有效磷			0.585 6	0.053 0
速效钾			0.273 0	0.024 7
有效锌			0.141 4	0.012 8

	立地条件	剖面现状	土壤养分
立地条件	1.0000	1.6667	5.0000
剖面现状	0.6000	1.0000	5.0000
土壤养分	0.2000	0.2000	1.0000

	地貌类型	地形部位	障碍层类型
地貌类型	1.0000	0.8333	1.2500
地形部位	1.2000	1.0000	2.0000
障碍层类型	0.8000	0.5000	1.0000

	pH	质地	障碍层厚度	有效土层厚度
pH	1.0000	0.5000	0.8333	0.6250
质地	2.0000	1.0000	2.0000	1.4286
障碍层厚度	1.2000	0.5000	1.0000	0.7143
有效土层厚	1.6000	0.7000	1.4000	1.0000

	有效磷	速效钾	有效锌
有效磷	1.0000	2.2222	4.0000
速效钾	0.4500	1.0000	2.0000
有效锌	0.2500	0.5000	1.0000

附图 1-9　评价指标的专家评估及权重值

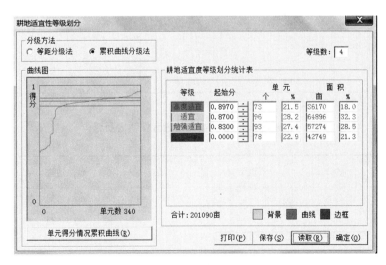

附图 1-10　大豆耕地适宜性等级划分图

这次大豆适宜性评价将全区耕地划分为 4 个等级，共 340 个地块（附表 1-12）。高度适宜耕地 2 720.80 公顷，占全区耕地总面积的 16.56％；适宜耕地 7 839.51 公顷，占全区耕地总面积的 47.71％；勉强适宜耕地 3 537.78 公顷，占全区耕地总面积的 21.53％；不适宜耕地 2 333.01 公顷，占全区耕地总面积的 14.20％（附表 1-13）。

附表 1-12　大豆适宜性指数分级

地力分级	地力综合指数分级（IFI）
高度适宜	＞0.897 0
适宜	0.87～0.897 0
勉强适宜	0.83～0.87
不适宜	＜0.83

附表 1-13　大豆不同适宜性耕地地块数及面积统计

适宜性	地块个数	面积（公顷）	占总面积（％）
高度适宜	73	2 720.80	16.56
适宜	96	7 839.51	47.71
勉强适宜	93	3 537.78	21.53
不适宜	78	2 333.01	14.20
合计	340	16 431.10	100

各乡镇大豆适宜性耕地面积见附表 1-14，各土类大豆适宜性耕地面积见附表 1-15，大豆不同适宜性耕地相关属性平均值见附图 1-16。

附表 1-14　各乡（镇）大豆适宜性耕地面积

单位：公顷

项目	高度适宜	适宜	勉强适宜	不适宜
国有农场	1 062.86	3 970.06	1 951.67	85.94
林业	0	290.67	903.06	1 128.39
五大连池镇	1 657.94	3 578.78	683.05	1 118.68

附表 1-15　各土类大豆适宜性耕地面积

单位：公顷

土类	面积	高度适宜	适宜	勉强适宜	不适宜
黑土	12 822.5	2 155.06	7 833.89	2 833.55	0
暗棕壤	1 234.21	0	5.62	704.23	524.36
新积土	1 731.15	0	0	0	1 731.15
沼泽土	77.5	0	0	0	77.5
草甸土	565.74	565.74	0	0	0

附表 1 - 16　大豆不同适宜性耕地相关属性平均值

项　目	不适宜	高度适宜	勉强适宜	适宜
pH	6.10	6.19	6.05	6.07
有效锌（毫克/千克）	0.79	0.85	0.77	0.79
有效磷（毫克/千克）	63.85	120.60	47.62	91.92
速效钾（毫克/千克）	177.73	175.99	168.95	138.50

（1）高度适宜。五大连池风景区大豆高度适宜耕地总面积 2 720.80 公顷，占全区耕地总面积的 16.56％，主要分布在五大连池镇。

附表 1 - 17　大豆高度适宜耕地相关指标统计

项　目	平均值	最大值	最小值
pH	6.19	7.20	5.85
有效锌（毫克/千克）	0.85	1.37	0.57
有效磷（毫克/千克）	120.60	242.80	21.68
速效钾（毫克/千克）	175.99	302	33

通过本次耕地地力调查测试，五大连池区大豆高度适宜耕地相关指标分别为：pH 最大值为 7.2，最小值为 5.85，平均值为 6.19；有效磷最大值为 242.8，最小值为 21.68 毫克/千克，平均值为 120.60 毫克/千克；有效锌最大值为 1.37 毫克/千克，最小值为 0.57 毫克/千克，平均值为 0.85 毫克/千克；速效钾最大值为 302 毫克/千克，最小值为 33 毫克/千克，平均值为 175.99 毫克/千克。详细情况见附表 1 - 17。

（2）适宜。五大连池风景区大豆适宜耕地总面积为 7 839.51 公顷，占全区耕地总面积的 47.71％，主要分布在国有农场。

附表 1 - 18　大豆适宜耕地相关指标统计

项　目	平均值	最大值	最小值
pH	6.07	7.36	5.62
有效锌（毫克/千克）	0.79	1.3	0.49
有效磷（毫克/千克）	91.92	242.80	25.67
速效钾（毫克/千克）	138.50	292	5

大豆适宜地块所处地形平缓，侵蚀和障碍因素小。各项养分含量较高。质地适宜，一般为壤土或壤质黏土。容重适中，土壤大都呈中性至微酸性，pH 为 5.62～7.36；养分含量较丰富，有效磷平均为 91.92 毫克/千克，速效钾平均为 138.50 毫克/千克，有效锌平均为 0.79 毫克/千克（附表 1 - 18）。保肥性能好，该级地适于种植大豆，产量水平较高。

（3）勉强适宜。全区大豆勉强适宜耕地总面积 3 537.78 公顷，占全区耕地总面积的 21.53％，主要分布在国有农场。

大豆勉强适宜地块所处地形低洼，侵蚀和障碍因素大。各项养分含量偏低。质地较差，一般为重壤土或沙壤土。土壤呈碱性，pH 为 5.77～6.56。养分含量较低，有效锌平均为 0.77 毫克/千克，有效磷平均为 47.62 毫克/千克，速效钾平均为 168.95 毫克/千克（附表 1-19）。该级地勉强适于种植大豆，产量水平较低。

附表 1-19　大豆勉强适宜耕地相关指标统计

项　　目	平均值	最大值	最小值
pH	6.05	6.56	5.77
有效锌（毫克/千克）	0.77	1.48	0.53
有效磷（毫克/千克）	47.62	174.35	16.73
速效钾（毫克/千克）	168.95	299	20

（4）不适宜。全区大豆不适宜耕地总面积为 2 333.01 公顷，占全区耕地总面积的 14.20%，主要分布在林业。

大豆不适宜地块所处地形低洼地区，侵蚀和障碍因素大。各项养分含量低。土壤大都偏碱性或微酸性，pH 为 5.83～6.81。养分含量较低，有效锌平均为 0.79 毫克/千克，有效磷平均为 63.85 毫克/千克，速效钾平均为 177.73 毫克/千克。该级地不适于种植大豆，产量水平低。

附表 1-20　大豆不适宜耕地相关指标统计

项　　目	平均值	最大值	最小值
pH	6.10	6.81	5.83
有效锌（毫克/千克）	0.79	1.28	0.46
有效磷（毫克/千克）	63.85	274.50	16.73
速效钾（毫克/千克）	177.73	366	18

通过本次耕地地力调查分析，五大连池区各乡（镇）大豆不同适宜性耕地面积情况分别为：五大连池镇高度适宜种植大豆的耕地面积为 1 657.94 公顷，适宜种植大豆的耕地面积为 3 578.78 公顷，勉强适宜种植大豆的耕地面积为 683.05 公顷，不适宜种植大豆的耕地面积为 1 118.68 公顷。国有农场高度适宜种植大豆的耕地面积为 1 062.86 公顷，适宜种植大豆的耕地面积为 3 970.06 公顷，勉强适宜种植大豆的耕地面积为 1 951.67 公顷，不适宜种植大豆的耕地面积为 85.94 公顷。林业适宜种植大豆的耕地面积为 209.67 公顷，勉强适宜种植大豆的耕地面积为 903.06 公顷，不适宜种植大豆的耕地面积为 1 128.39 公顷。

二、玉米适应性评价

玉米是五大连池风景区的主要粮食作物之一，近年来发展速度较快，面积常年保持在 3 451 公顷。玉米适应性较广，五大连池风景区全境都可种植。玉米对有效锌比较敏感，在中性土上表现较好。不同的土质上表现不一样，差异明显。因此，将有效锌的评价指标进行调整，其余评价指标与地力评价指标一样。

1. 评价指标的标准化（有效锌）　专家评价：玉米有效锌隶属度评估见附表 1-21。

附表 1-21　玉米有效锌隶属度评估

有效锌（毫克/千克）	0.4	0.6	0.8	1.0	1.2	1.4	1.6
隶属度	0.38	0.50	0.64	0.76	0.89	0.96	1.00

建立隶属函数：玉米有效锌隶属函数曲线见附图 1-11。

$$Y = 1 / \left[1 + 1.168\,405\,(X - 1.525\,905)^2 \right] \quad C = 1.525\,905 \quad U = 0.1$$

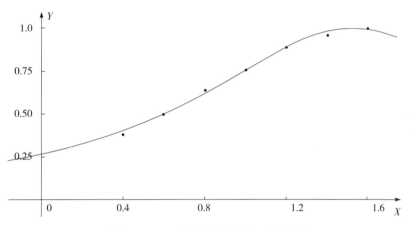

附图 1-11　玉米有效锌隶属函数曲线图

2. 确定指标权重　采用层次分析法确定每一个评价因素对耕地综合地力的贡献大小。

（1）构造评价指标层次结构图。根据各个评价因素间的关系，构造了如附图 1-12 所示的层次结构图。

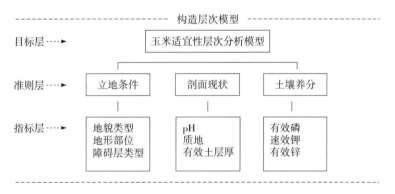

附图 1-12　构造层次模型图

（2）建立判断矩阵。采用专家评估法，比较同一层次各因素对上一层次的相对重要性，给出数量化的评估。专家评估的初步结果经合适的数学处理后（包括实际计算的最终结果——组合权重）反馈给专家，请专家重新修改或确认。经多轮反复，形成最终的判断矩阵（附图 1-13）。

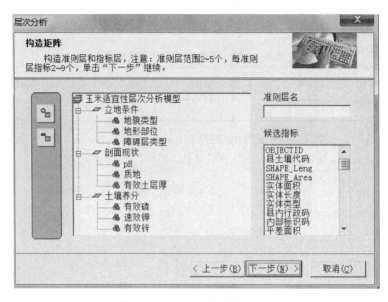

附图 1-13 层次分析构造矩阵

（3）确定各评价因素的综合权重。利用层次分析计算方法确定每一个评价因素的综合评价权重（附图 1-14）。

	立地条件	剖面现状	土壤养分
立地条件	1.0000	2.0000	5.0000
剖面现状	0.5000	1.0000	2.5000
土壤养分	0.2000	0.4000	1.0000

	pH	质地	有效土层厚
pH	1.0000	0.4000	0.5556
质地	2.5000	1.0000	1.4286
有效土层厚	1.8000	0.7000	1.0000

	地貌类型	地形部位	障碍层类型
地貌类型	1.0000	0.6667	1.6667
地形部位	1.5000	1.0000	2.8571
障碍层类型	0.6000	0.3500	1.0000

	有效磷	速效钾	有效锌
有效磷	1.0000	2.0000	3.3333
速效钾	0.5000	1.0000	1.6667
有效锌	0.3000	0.6000	1.0000

附图 1-14 评价指标的专家评估及权重值

3. 评价结果与分析 层次分析结果见附表1-22。玉米耕地适宜性等级划分见附图1-15。玉米适宜性指数分级见附表1-23。这次玉米适宜性评价将全区耕地划分为4个等级：高度适宜耕地2 161.06公顷，占全区耕地总面积的13.15%；适宜耕地7 807.07公顷，占全区耕地总面积的47.51%；勉强适宜耕地4 136.44公顷，占全区耕地总面积的25.17%；不适宜耕地2 326.57公顷，占全区耕地总面积的14.16%（附表1-24）。

附表1-22 层次分析结果

层次 A	层次 C			组合权重 $\sum C_i A_i$
	立地条件 0.588 2	剖面现状 0.294 1	土壤养分 0.117 6	
地貌类型	0.318 3			0.187 2
地形部位	0.499 0			0.293 5
障碍层类型	0.182 7			0.107 5
pH		0.188 4		0.055 4
质地		0.475 5		0.139 9
有效土层厚度		0.336 0		0.098 8
有效磷			0.555 6	0.065 4
速效钾			0.277 8	0.032 7
有效锌			0.166 7	0.019 6

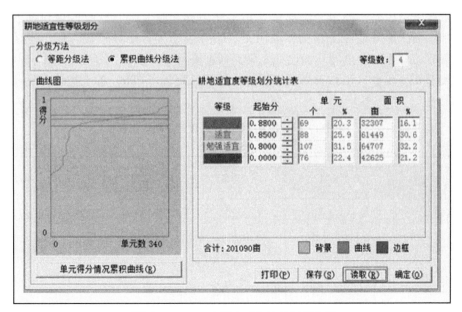

附图1-15 玉米耕地适宜性等级划分图

附表 1-23　玉米适宜性指数分级

地力分级	地力综合指数分级（IFI）
高度适宜	＞0.88
适宜	0.85～0.88
勉强适宜	0.80～0.85
不适宜	＜0.80

附表 1-24　玉米不同适宜性耕地地块数及面积统计

适宜性	地块个数	面积（公顷）	占总面积（%）
高度适宜	69	2 161.06	13.15
适　宜	88	7 807.03	47.51
勉强适宜	107	4 136.44	25.17
不适宜	76	2 326.57	14.16
合　计	340	16 431.10	100

　　从玉米不同适宜性耕地的分布特点来看，适宜性等级的高低与地形部位、土壤类型及土壤质地密切相关。高中产土壤主要集中在中部和东北部，行政区域包括五大连池镇好国有农场。这一地区土壤类型以黑土、暗棕壤为主，地势较缓。低产土壤则主要分布在东部的林业好龙泉的马场地。土壤类型主要是草甸土、沼泽土、新积土为主，坡度一般大于 3°。各乡（镇）玉米适宜性耕地面积见附表 1-25，各土类玉米适宜性耕地面积见附表 1-26。

附表 1-25　各乡（镇）玉米适宜性耕地面积

单位：公顷

项　目	高度适宜	适宜	勉强适宜	不适宜
国有农场	880.71	4 068.94	2 040.28	80.60
林　业	0	4.05	1 189.68	1 128.39
五大连池镇	1 280.35	3 734.04	906.48	1 117.58
合　计	2 161.06	7 807.03	4 136.44	2 326.57

附表 1-26　土类玉米适宜性耕地面积

单位：公顷

土　类	面　积	高度适宜	适　宜	勉强适宜	不适宜
黑　土	12 822.50	1 595.32	7 807.03	3 420.15	0
暗棕壤	1 234.21	0	0	716.29	517.92
新积土	1 731.15	0	0	0	1 731.15
沼泽土	77.50	0	0	0	77.50
草甸土	565.74	565.74	0	0	0

附表 1-27　玉米不同适宜性耕地相关属性平均值

项　目	不适宜	高度适宜	勉强适宜	适　宜
pH	6.10	6.20	6.07	6.06
有效磷（毫克/千克）	63.85	120.23	47.73	99.44
速效钾（毫克/千克）	178.09	179.88	167.98	134.06
有效锌（毫克/千克）	0.79	0.85	0.76	0.79

从玉米各项指标适宜性评价的结果看，高度适宜、适宜、勉强适宜、不适宜的 pH 差别不大。高度适宜玉米生长的有效磷为 120.23 毫克/千克，适宜玉米生长的有效磷含量为 99.44 毫克/千克，勉强适宜玉米生长的有效磷为 47.73 毫克/千克，不适宜玉米生长的有效磷为 63.85 毫克/千克。高度适宜玉米生长的速效钾为 179.88 毫克/千克，适宜玉米生长的速效钾含量为 134.06 毫克/千克，勉强适宜玉米生长的速效钾为 167.98 毫克/千克，不适宜玉米生长的速效钾为 178.09 毫克/千克。高度适宜玉米生长的有效锌为 0.85 毫克/千克，适宜玉米生长的有效锌含量为 0.79 毫克/千克，勉强适宜玉米生长的有效锌为 0.76 毫克/千克，不适宜玉米生长的有效锌为 0.79 毫克/千克（附表 1-27）。

（1）高度适宜。全区玉米高度适宜耕地总面积 2 161.06 公顷，占全区耕地总面积的 13.15%；行政区五大连池镇和国有农场，这一地区土壤类型以黑土、草甸土为主。

附表 1-28　玉米高度适宜耕地相关指标统计

项　目	平均值	最大值	最小值
pH	6.19	7.36	5.85
有效磷（毫克/千克）	120.23	242.8	21.68
速效钾（毫克/千克）	179.88	302	37
有效锌（毫克/千克）	0.85	1.37	0.57

玉米高度适宜地块所处地形平缓，侵蚀和障碍因素很小，耕层土壤各项养分含量高。结构较好，多为粒状或小团粒状结构。土壤大都呈中性，pH 为 5.85～7.36。养分含量丰富，有效锌平均为 0.85 毫克/千克，有效磷平均为 120.23 毫克/千克，速效钾平均为 179.88 毫克/千克（附表 1-28）。保肥性能较好，有一定的排涝能力。该级地适于种植玉

米，产量水平高。

（2）适宜。五大连池风景区玉米适宜耕地总面积 7 807.07 公顷，占全区耕地总面积的 47.51%，主要分布在五大连池镇和国有农场。土壤类型以黑土为主。

附表 1-29　玉米适宜耕地相关指标统计

项　目	平均值	最大值	最小值
pH	6.07	6.56	5.62
有效磷（毫克/千克）	99.44	242.8	25.68
速效钾（毫克/千克）	134.06	218	5
有效锌（毫克/千克）	0.79	1.30	0.49

玉米适宜地块所处地形较平缓，侵蚀和障碍因素很小。各项养分含量较高。土壤大都呈中性至微酸性，pH 为 5.62~6.56。养分含量较丰富，有效锌平均为 0.79 毫克/千克，有效磷平均为 99.44 毫克/千克，速效钾平均为 134.06 毫克/千克（附表 1-29）。保肥性能好，该级地适于种植玉米，产量水平较高。

（3）勉强适宜。五大连池风景区玉米勉强适宜耕地总面积 4 136.44 公顷，占全区耕地总面积的 25.17%，主要分布在五大连池镇、国有农场、林业。土壤类型以黑土、暗棕壤为主。

玉米勉强适宜地块所处地形低洼，主要分布在北部和东北部地区。坡度一般较大或较小，侵蚀和障碍因素大，各项养分含量偏低，质地较差。土壤呈微酸性，pH 为 5.77~6.56。养分含量较低，有效锌平均为 0.77 毫克/千克，有效磷平均为 47.73 毫克/千克，速效钾平均为 167.98 毫克/千克（附表 1-30）。该级地勉强适于种植玉米，产量水平较低。

附表 1-30　玉米勉强适宜耕地相关指标统计

项　目	平均值	最大值	最小值
pH	6.07	6.56	5.77
有效磷（毫克/千克）	47.73	174.35	16.73
速效钾（毫克/千克）	167.98	299	7
有效锌（毫克/千克）	0.77	1.48	0.53

（4）不适宜。五大连池风景区玉米不适宜耕地总面积 2 326.57 公顷，占全区耕地总面积的 14.16%，主要分布在五大连池镇和林业。土壤类型以暗棕壤、新积土和沼泽土为主。

附表 1-31　玉米不适宜耕地相关指标统计

项　目	平均值	最大值	最小值
pH	6.10	6.81	5.83
有效磷（毫克/千克）	64.26	274.5	16.73
速效钾（毫克/千克）	178.09	366	18
有效锌（毫克/千克）	0.79	1.28	0.46

　　玉米不适宜地块所处地形低洼地区，侵蚀和障碍因素大。各项养分含量低，土壤大都偏酸性和偏碱性，pH 为 5.83～6.81。养分含量较低，有效锌平均为 0.79 毫克/千克，有效磷平均为 64.26 毫克/千克，速效钾平均为 178.09 毫克/千克（附表 1‐31）。该级地不适于种植玉米，产量水平低。

　　通过本次耕地地力调查分析，五大连池风景区各乡（镇）玉米不同适宜性耕地面积情况分别为：五大连池镇，高度适宜种植玉米的耕地面积为 1 280.35 公顷，适宜种植玉米的耕地面积为 3 734.04 公顷；勉强适宜种植玉米的耕地面积 906.48 公顷，不适宜种植玉米的耕地面积为 1 117.58 公顷。国有农场，高度适宜种植玉米的耕地面积为 880.71 公顷，适宜种植玉米的耕地面积为 4 068.94 公顷，勉强适宜种植玉米的耕地面积为 2 040.28公顷，不适宜种植玉米的耕地面积为 80.6 公顷。林业，适宜种植玉米的耕地面积为 4.05 公顷，勉强适宜种植玉米的耕地面积为 1 189.68 公顷，不适宜种植玉米的耕地面积为 1 128.39 公顷。

附录2 五大连池风景区耕地地力评价与土壤改良利用专题报告

一、专题调查方法

1. 评价原则 本次耕地地力评价是完全按照《规程》进行的。在工作中，主要坚持了以下几个原则：

（1）统一的原则，即统一调查项目、统一调查方法、统一野外编号、统一调查表格、统一组织化验、统一进行评价。

（2）充分利用现有成果的原则，即以第二次土壤普查、土地利用现状调查、行政区划等已有的成果作为评价的基础资料。

（3）应用高新技术的原则，即在调查方法、数据采集及处理、成果表达等方面全部采用了高新技术。

2. 调查内容 本次耕地地力调查的内容是根据当地政府的要求和生产实践的需求确定的，充分考虑了成果的实用性和公益性。主要有以下几个方面：

（1）耕地的立地条件，包括地形地貌、地形部位。

（2）土壤属性，包括耕层理化性状和耕层养分状况，具体有耕层厚度、质地、容重、pH、有机质、全氮、有效磷、速效钾、有效锌、有效铜和有效铁等。

（3）土壤障碍因素，包括障碍层类型等。

（4）农田基础设施条件，包括抗旱能力、排涝能力和农田防护林网建设等。

（5）农业生产情况，包括良种应用、化肥施用、病虫害防治、轮作制度、耕翻深度、秸秆还田和灌溉保证率等。

3. 评价方法 在收集有关耕地的情况资料，并进行外业补充调查（包括土壤调查和农户的入户调查两部分）及室内化验分析的基础上，建立起耕地地力管理数据库。通过GIS系统平台，采用ARCINFO软件对调查的数据和图件进行数值化处理，最后利用扬州土壤肥料管理站开发的全国耕地地力评价软件系统V3.2软件进行耕地地力评价。

（1）建立空间数据库：将土壤图、行政区划图、土地利用现状图等基本图件扫描后，用屏幕数字化的方法进行数字化，即建成五大连池风景区地力评价系统空间数据库。

（2）建立属性数据库：将收集、调查和分析化验的数据资料按照数据字典的要求规范整理后，输入数据库系统，即建成地力评价系统属性数据库。

（3）确定评价因子：根据全国耕地地力调查评价指标体系，经过专家采用经验法进行选取，将耕地地力评价因子确定为11个。其中，立地条件包括地貌类型、地形部位、障碍层类型、有效土层厚度、障碍层厚度；剖面性状包括pH、有机质、质地；土壤养分包括有效磷、速效钾、有效锌。

（4）确定评价单元：把数字化后的风景区土壤图、行政区划图和土地利用现状图3个图层进行叠加，形成的图斑即为五大连池风景区耕地资源管理评价单元，共确定形成评价单元 340 个。

（5）确定指标权重：组织专家对所选定的各评价因子进行经验评估，确定指标权重。

（6）数据标准化：选用隶属函数法和专家经验法等数据标准化方法，对五大连池风景区耕地评价指标进行数据标准化，并对定性数据进行数值化描述。

（7）计算综合地力指数：选用累加法计算每个评价单元的综合地力指数。

（8）划分地力等级：根据综合地力指数分布，确定分级方案，划分地力等级。

（9）归入全国耕地地力等级体系：依据《全国耕地类型区、耕地地力等级划分》（NY/T 309—1996），归纳整理各级耕地地力要素主要指标，结合专家经验，将五大连池风景区各级耕地归入全国耕地地力等级体系。

（10）划分中低产田类型：依据《全国中低产田类型划分与改良技术规范》（NY/T 310—1996），分析评价单元耕地土壤主导障碍因素，划分并确定五大连池风景区中低产田类型。

二、土壤存在的问题

1. 土壤肥力减退问题　土壤肥力是表明土壤生产性能的一个综合性指标，由各种自然因素和人为因素构成。由于长期受水蚀和风蚀这个跑水、跑肥、跑土的"慢性病"的影响，以及用地养地失调、广种薄收、剥削地力的不合理耕作，五大连池风景区土壤的养分状况发生了很大变化。主要表现为有机质含量降低，钾等养分相应减少，土壤肥力逐年减退。

据土壤普查报告记载，在五大连池风景区土壤开垦初期，土壤有机质含量为 60～150 克/千克，全氮含量为 1.5～4.5 克/千克，有效磷含量为 5～40 毫克/千克。历经百余年的农事活动，五大连池风景区现在的土壤养分状况如何？在这次土壤普查中，通过对土壤耕层（0～20 厘米）农化样品进行化验分析，结果表明，有机质保持一级（＞60 克/千克）面积占 14.1%，有机质二级（40～60 克/千克）面积占 48.5%，有机质三级（30～40 克/千克）面积占 25%，有机质一级、二级和三级共占 87.6%。与开垦初期相比，含量减少 1/5～1/4。其他都为四级，含量＜20 克/千克，有的不到 1%。通过耕地地力调查感到，土壤这个最大的生态系统一旦遭到破坏，作为农业生产基础的土壤肥力一旦遭到削弱，就会导致生态性的灾难，瘠薄化、沙化、碱化和黏化等，必然导致农业生产量的下降。

2. 土壤耕层浅、犁底层厚问题　通过土壤剖面点的调查发现，风景区耕地的犁底层逐渐增厚，犁底层在 3～5 厘米占 14.1%，6～8 厘米的占 73.5%，大于 10 厘米的占 12.4%，平均厚度为 8 厘米，最厚达 10 厘米以上。由于耕层浅、犁底层厚，给作物根系生长带来极为不利的影响，严重影响作物的生长和产量的提高。尤其五大连池风景区大部分种植的都是大豆，大豆生长的大部分氮素养分都是根系固定空气中的氮形成根瘤，供给大豆的生长。耕层浅、犁底层厚严重影响大豆根系的发育，这样对大豆产量的提高有很大的限制。农民大部分耕地全部种植大豆，对农民的收入、农村经济的发展都带来很大的影响。

耕层薄、犁底层厚是人为长期不合理的生产活动所造成的，两者是息息相关的。通过调查发现，风景区造成耕层浅、犁底层厚的主要原因：一是为了保墒和引墒而进行浅耕，翻地只在15厘米左右达不到深度要求，再采取重耙耙地和压大石头砣子等措施，从而使土壤压紧；二是多年的小四轮拖拉机整地也造成耕层上移、犁底层变厚，长期以来形成了薄的耕作层和厚的犁底层。

耕作土壤构造大都有耕层和犁底层等层次。良好的耕作土壤要有一个深厚的耕作层（25厘米），即可满足作物生长发育的需要。犁底层是耕作土壤必不可免的一个层次。如在一定的深度下（20厘米以下）形成很薄的犁底层，既不影响根系下扎，还能起托水、托肥作用。这种犁底层不但不是障碍层次，还会对作物生长发育还能起到一定意义的作用。而五大连池风景区大多数不是这种情况，大都是耕层薄、犁底层厚，有害而无利。五大连池风景区土壤耕层、犁底层物理性状测定平均结果见附表2-1。

附表2-1　耕层、犁底层物理性状测定平均结果表

层　次	总孔隙度（%）	毛管孔隙度（%）	非毛管孔隙度（%）	田间持水量（%）	容重（克/立方厘米）
耕层	63.1	45.7	7.1	39.7	1.08
犁底层	50.5	41.0	6.3	32.9	1.23

耕层薄、犁底层厚主要有以下几点害处：

（1）通气透水性差。犁底层的容重大于耕层的容重，而孔隙度低于耕层的孔隙度。犁底层的总孔隙度、通气孔隙、毛管孔隙均低于耕层。另外，犁底层质地黏重，片状结构，遇水膨胀很大，使总孔隙度变小。而在孔隙中几乎完全是毛管孔隙，形成了隔水层，影响通气透水，使耕作层与心土层之间的物质转移、交换和能量的传递受阻。由于通气透水性差，使微生物的活动减弱，影响有效养分的释放。

（2）易旱易涝。由于犁底层水分物理性质不好，在耕层下面形成一个隔水的不透水层，雨水多时渗到犁底层便不能下渗，而在犁底层上汪着，这样既影响蓄墒，又易引起表涝，在岗地容易形成表径流而冲走养分。另一方面，久旱不雨，耕层里的水分很快就蒸发掉，而底墒由于犁底层容易造成表涝和表旱，并且因上下水气不能交换而减产。

（3）影响根系发育。一是耕层浅，作物不能充分吸收水分和养分；二是犁底层厚而硬，作物根系不能深扎，只能在浅的犁底层上盘结，不但不能充分吸收土壤的养分和水分，而且容易倒伏。使作物吃不饱、喝不足。

三、耕地土壤改良利用目标

1. 粮食增产目标　五大连池风景区是黑龙江省主要的商品粮生产区，也是国家和省级种子繁育基地。本次耕地地力调查及质量评价结果显示，五大连池风景区中低产田土壤还占有相当大的比例，另外高产田土壤也有一定的潜力可挖。因此，增产潜力十分巨大。若通过适当措施加以改良，消除或减轻土壤中障碍因素的影响，可使低产变中产，中产变高产，高产变稳产甚至更高产。如果按地力普遍提高一个等级，每公顷增产粮食300千克计算，景区每年可增产粮食 1.607×10^7 千克，这样每年粮食总产量可达到 4.0198×10^7

千克。

2. 生态环境建设目标　五大连池风景区耕地土壤在开垦初期，农田生态系统基本上处于稳定状态。然而在以后的一段时间里，由于"以粮为纲"，过渡开垦并采取掠夺式经营，致使生态系统遭到了极大的破坏，导致风灾频繁、旱象严重、水土流失加剧。当前，生态环境建设的目标是恢复建立稳定复合的农田生态系统。依据这次耕地地力调查和质量评价的结果，调整农、林、牧结构，彻底改变单纯种植粮食的现状，对坡度大、侵蚀重、地力瘠薄的部分坡耕地黑土要坚决退耕还林还草。此外，要大力营造农田防护林，完善农田防护林体系，增加森林覆盖率。这样就使农田生态系统与草地生态系统以及森林生态系统达到合理有机的结合，进而实现农业生产的良性循环和可持续发展。

3. 社会发展目标　五大连池虽然是风景区，但是农民的收入仍以种植业和畜牧业为主。依据这次耕地地力调查和质量评价结果，针对不同土壤的障碍因素进行改良培肥，可以大幅度提高耕地的生产能力，巩固五大连池风景区黑龙江省商品粮基地地位。同时，通过合理配置和优化耕地资源，加快种植业和农村产业结构调整，发展经济作物和粮食作物，可以提高农业生产效益，增加农民收入，全面推进五大连池风景区农村建成小康社会的进程。

四、土壤改良的主要途径

五大连池风景区土地资源丰富，土壤类型较多，生产潜力很大，对农、林、牧、副、渔各业的全面发展极为有利。但是，由于自然条件和人为等因素的影响，有些地方土壤利用不太合理。目前，多数土壤还存在着许多不被人们所重视的程度不同的限制因素。因此，要尽快采取有效措施，全面规划、改良、培肥土壤，为加速实现农业现代化打下良好的土壤基础。下面将土壤改良的主要途径分述如下：

1. 大力植树造林，建立优良的农田生态环境　植树造林似乎与改良土壤关系不大，其实不然，人类开始农事活动的历史经验证明，森林是农业的保姆，林茂才能粮丰，是优良农田生态环境的集中表现形式。目前，五大连池风景区农田防护林的覆盖率很低，基础太差，风灾年年发生。因此，造林必须有个长足的大发展。力争在三五年内全区森林覆盖率达到65％以上，农田防护林覆盖率逐年提高，这样就会使全区林业发生很大变化，农田生态就会大改善，随之而来的将会呈现一幅林茂粮丰的大好景象。

2. 改革耕作制度实行抗旱耕法　五大连池风景区春季雨量少、风多、风大、蒸发强烈，土壤"十春九旱"，这是五大连池风景区农业生产上的主要限制因素之一。而耕作又是对土壤水分影响最为频繁的措施。合理耕作会增加土壤的保水性，不合理的耕作能造成土壤水分大量散失，加剧土壤的干旱程度。因此，要紧紧围绕抗旱这个中心，实行以抗旱为主兼顾其他的耕作制度。

3. 翻、耙、松相结合整地　翻、耙、松相结合整地，有减少土壤风蚀、增强土壤蓄水保墒能力、提高地温、一次播种保全苗等作用。

翻地最好是伏翻，无条件的也可以进行秋翻，争取春季不翻土或少翻土。伏翻可接纳伏（秋）雨水，蓄在土壤里，有利于蓄水保墒。春季必须翻整的地块，要安排在低洼保墒条件较好的地块，早春顶凌浅翻或顶浆起垄。再者，抓住雨后抢翻，随翻随耙，随播随压，连续作业。

耙茬整地是抗旱耕作的一种好形式。我们要积极应用这一整地措施，耙茬整地不直接把表土翻开，有利于保墒，又适于机械播种。

深松是整地的一种辅助措施，能起到加深土壤耕作层、打破犁底层、疏松土壤、提高地温、增加土壤蓄水能力的效果。要想使作物"吃饱、喝足、住得舒服"，抗旱抗涝，风吹不倒，必须加厚活土层，尽量打破犁底层增加耕层厚度，推广深松耕翻的农机措施。全区推广深松耕法的经验表明，95％以上的深松面积增产，其增产幅度在20％左右。

4. 增加土壤有机质培肥土壤　土壤有机质是作物养料的重要来源。增加土壤有机质是改土肥田、提高土壤肥力的最好途径。不断地向土壤中增加有机质，能够改善土壤质地，增强土壤通气透水性能，提高地温，促进微生物活动，有利于速效养分的释放，满足作物生长发育的需要。大力宣传有机肥在用地养地方面的作用，积极引导农民施生物钾肥、合理轮作，改善土壤环境，增加农业生产后劲。

5. 提高农家肥质量　农家肥是我国的传统肥料，从目前五大连池风景区的生产情况看，农家肥是培肥地力、增加土壤有机质的最主要措施。但五大连池风景区农家肥分布不均，五大连池镇有机肥数量大、质量好，而林场、部队几乎没有。按照中共黑龙江省委提出的大力发展畜牧业的指示精神，走种、畜、养、加相结合的良性循环道路。

种植绿肥可起到用地养地、改良土壤、增加土壤有机质、提高土壤肥力的作用。目前，五大连池风景区耕地的土壤有机质含量低，肥力不高，保水保肥性能低，适宜性差。若不采取新的有效措施，从根本上提高土壤肥力，要继续提高产量是较难的。种植绿肥既可发展养殖业，增加有机肥料，又可直接增加土壤有机质和其他各种养分，是建设高产稳产农田的重要技术措施。

6. 合理施用化肥

施用化肥是提高粮食产量的一个重要措施。为了真正做到增施化肥，合理使用化肥，提高化肥利用率，增产增收，应做到以下几点：

（1）确定适宜的氮磷钾比例，实行氮磷混施。根据近年来在全区不同土壤化验的结果看，五大连池风景区大豆最佳氮磷钾施肥比为1：（1.5～1.7）：（0.7～1），玉米为1：（0.8～1）：0.7。

（2）增施农肥，种植绿肥，增加有机肥的施入数量。施用各种有机肥料，改善土壤结构，提高地力。每公顷应施农家肥15～20吨。种植绿肥改良土壤，具有肥分高、投资少、见效快的特点。草木樨和田菁等绿肥作物都有改土、肥田、增产的效果。

（3）深松土壤。浅翻深松能打破碱化犁底层，给土壤创造一个深厚疏松的耕层又不打乱土层，切断毛细管，使水分蒸发量减少。同时，深松还能增强透水性，使盐分能向下淋洗。深松最好在伏、秋季进行，春季播前松土必须结合灌水才能充分发挥其改土作用。

五、土壤改良利用分区

农业生产是以一定区域进行布局的，而不是以土壤类型的界线作为土地界线。同一生产区域内会有很多土壤类型，甚至同一地块内也不一定是一个土壤类型。因此，需要按照土壤的区域性、共同的生产性、改良利用的一致性等进行分区划片，客观地把它们反映在各级系统之中，为因地制宜地把土壤耕地地力调查成果应用于生产提供依据。

1. 土壤改良利用分区的原则与依据　土壤改良利用分区是根据土壤组合、自然生态条件、农业经济条件等因素而进行的综合性分区。

（1）分区原则。

一是在同一土区内，土壤组合、成土条件、土壤基本性质、肥力水平、自然条件基本一致。

二是在同一土区内，主要生产问题及改良利用方向和措施基本相似。

三是改良利用分区既反映地貌单元和自然景观，又相对保持行政界线的完整性。

四是改良利用力求做到推动当前、指导长远。

（2）分区依据。土壤改良利用暂分土区、亚区两级。土区划分：主要是根据同一自然景观单元内土壤的近似性和改良利用方向的一致性；亚区划分：在同一土区内，根据土壤组合、肥力特征及其改良利用措施的一致性，并结合小地形及水分状况等特点进行划分。

（3）分区命名。土区突出了自然景观和主要的土壤类型，名称多沿用以往分区划片使用的称呼；亚区以主要亚类及土属进行命名。采用此种形式命名，既能体现地貌特点，又能反映土壤组合的分布特点，便于生产应用。

2. 土壤分区概述　根据分区原则，五大连池风景区土壤共划分为3个土区：

（1）北部、东部低山丘陵暗棕壤区。本区北部和东部的2个农场、3个部队，耕地面积17 233.33公顷（不包括非区属单位），占总耕地面积的64.4%。年平均气温在-1.0～2.0℃，年降水在600毫米以上，无霜期为85～100天，全年日照时数为2 450～2 700小时，≥10℃的活动积温为1 850～1 950℃，作物易遭霜害。

本区土壤主要是暗棕壤和草甸暗棕壤亚类，母质为各种火成岩及洪积物，质地较粗，通透性较好。此外，还有草甸土、沼泽土等。由于开发较晚，土壤养分含量充足。暗棕壤类耕地养分平均含量：有机质为67.16克/千克，全氮为3.08克/千克，碱解氮为584.2毫克/千克，有效磷为57.59毫克/千克。

本区土壤存在的主要问题：坡度较大，水土流失严重；滥砍盗伐，毁林开荒，破坏生态平衡；耕地土壤质地黏重，通透性差；潜在肥力高，速效性养分特别是有效磷肥力较高；重茬严重，无霜期短，沟谷平地易内涝。

土壤改良利用意见：一是严禁滥砍盗伐，加强林木管护。本区是风景区主要林区，要加强采伐管理，杜绝毁林开荒、滥砍盗伐和森林火灾。对残林要进行带状或块状改造，更新以樟子松和落叶松为主的树种，形成优质高产的针阔叶混交林。二是加强农田基本建设，防止水土流失。坡度较大的农田要有计划地退耕还牧；山上挖截流沟，防止山水危害；沟谷要疏通河道，实行山、水、田、林、路综合治理；降低地下水位，促进土壤熟化。岗坡地要横坡打垄等高种植。增施磷肥,增加伏翻面积,增强土壤的热燥性和疏松性。三是发挥土壤优势,充分利用山产资源。要发挥本区土地面积大、土质肥沃的优势,选用早熟高产的作物品种,发展玉米、水稻、小麦生产。随着开荒年限的延长,要逐渐增加玉米和大豆等中耕作物的种植比例,增加小麦的连作面积,建立麦-豆-杂的合理轮作体系,做到用养结合。充分利用山产资源,搞好多种经营生产,支援国家出口。本土区有畅销国内外的蕨菜、黄花菜、蘑菇、木耳和药材及各种蜜源植物等,还要积极发展猪、牛、羊、兔、貉等牧业生产。

(2)中部波状平原黑土区。本土区总面积为 47 472.74 公顷,其中耕地面积 26 775 公顷,占总耕地面积 12%。按自然景观和土壤特点,本土区划分为龙泉黑土亚区、青泉黑土亚区和邻泉黑土亚区。

本区地形为波状平原,地下水位较深。垦前自然植被以杂类草群落为主,并有榛柴、沼柳草甸、疏林草甸群落等。母质多为黏质黄土。气候温冷,雨水较多。年平均气温为 0~0.5℃,年降水量为 500~550 毫米,无霜期为 100~120 天。全年日照时数为 2 550~2 750小时,≥10℃活动积温为 1 950~2 150℃,是风景区主要产粮区之一。

本区土壤多为黑土,其次为草甸土和沼泽土。耕地养分平均含量:有机质为 67.14克/千克,全氮为 3.18 克/千克,碱解氮为 387.76 毫克/千克,有效磷为 97.4 毫克/千克。

本区种植的主要作物有大豆、玉米、小麦和马铃薯等。第一亚区粮食单产比第二亚区单产略高,不同村屯间产量差距也较大。第一亚区是清泉黑土亚区和龙泉黑土亚区,位于第四积温带,土壤耕层较厚,主要种植大豆。大豆的产量大约为 2 250 千克/公顷,而且大豆的品质较好、农民的生活水平较高。第二亚区是邻泉黑土亚区,位于第四和第五积温带的过渡地带。作物生长的有效积温相对较少,种植的作物有大豆、小麦。因为此亚区的气候更加冷凉,所以昼夜温差较大。

土壤改良利用意见:一是大力营造农田防护林,提高森林覆被率。要围绕农业,大力发展农防、绿化、薪炭、用材林四结合大网格的防护林带体系,提高森林覆被率,加速大地园林化,促进生态平衡。二是增施有机肥,提高土壤有机质含量。本区是景区主要粮食作物产区,地形平坦,耕地面积大,其中薄层黑土面积对农业生产起着举足轻重的作用。因此,要积极推广秸秆还田、种植绿肥、草炭改土、农肥与化肥结合施肥等行之有效的方法来增加土壤有机质。三是建立以深松少翻为主体的土壤耕作制。土壤不深耕、不深松就不能很好地蓄水保肥,但多年连续耕翻也不尽合理。岗地应以深松为主体,减少耕翻次数,增加深松面积,加深耕层,疏松土壤,打破犁底层。同时,搞好蓄水型农业,抗旱保墒、防止风蚀。

四是加强农田基本建设,大搞农田水利工程。重点解决清泉三角山周围地段水土流失问题,建议要退耕还林、种树、种草、护坡,防止水土流失。

发展方向:以农为主,农、牧、林相结合。

(3)火山石质土和暗棕壤土区。本区位于五大连池火山群中,由 14 座火山所在区域组成,属于火山地,总土地面积为 16 799.02 公顷。地势呈微波起伏平原,在火山中心地带则属火山台地及火山锥地貌。火山锥上熔岩裸露,大部分山上生长着柞、桦、杨和松树。母质为第四季晚期的各种玄武岩及火山锥熔岩体。本区在火山景观、地质和地貌上均具有独特的风格，是旅游和疗养胜地。

本区土壤多为火山石质土和草甸暗棕壤，草甸土和沼泽土也有零星分布。本区应以旅游、疗养为主，积极发展农、林、渔、养等生产。

改良利用意见：一是焦得布暗棕壤，火山石质土亚区要严禁盗伐，加强林地管理与采伐的计划性；重视和加强针叶林的抚育，逐步改变林相，以发展林业生产为主。二是五大连池火山石质土亚区要积极发展建材工副业和游览服务业；充分利用水面资源，发展渔业生产；保护好火山资源，严禁毁坏火山上的一草一木。

六、土壤改良利用的对策与建议

五大连池风景区位于黑龙江省西北部，地处小兴安岭南麓与松嫩平原，积温属于第四和第五积温过渡带，属大陆性寒温带季风性气候。总耕地面积 26 775 公顷，粮食产量在 26 753 吨，区属耕地面积 9 356 公顷，粮食产量为 9 350 吨。本区是黑龙江省玉米、大豆主产区和重要的商品粮生产基地。

粮食安全事关国家经济发展和社会稳定的大局。随着人口不断增加和消费水平逐步提高，粮食需求将保持长期增长态势。因此，需要采取更直接、更明确、更有力的综合性措施保护和恢复粮食综合生产能力。要实现这一目标，必须从保障国家粮食安全的角度，确立长远目标，采取综合措施，逐步形成粮食产业持续发展的长效机制。为此，我国政府采取了一系列有效措施，不断开拓农业增收增效的空间，促进科技成果加速转化为生产力，增加农产品数量，提高农产品质量，重新构筑竞争优势，积极抢占市场空间，促进农业向广度和深度方向拓展。

加入世贸组织后，国内外市场的供求关系发生了根本性的转变。五大连池风景区的大豆因为质量差、生产成本高等因素导致市场竞争力下降，农民种植粮食的积极性降低。但大豆作为五大连池风景区重要的农作物，其效益的好坏直接关系到国家的粮食安全。国家从长远战略考虑，加大对耕地的保养和监测对五大连池风景区农业的发展至关重要。测土配方施肥项目、耕地地力监测项目的实施，对五大连池风景区来说是千载难逢的发展机遇。因此，从国际形势、国内发展需要和确保国家粮食安全出发，实施地力监测项目，加强农业基础设施建设，巩固农业基础地位，切实加强农业抗御自然灾害的能力，全面提高粮食的综合生产能力和市场竞争力，增加土壤的蓄水保墒能力，提高地力增加农业生产后劲，是迫在眉睫的必然选择。

1. 五大连池风景区耕地地力改良的对策

（1）加强农田基础设施建设是耕地地力建设的基础。农田基础设施建设包括土地平整、农田道路修建、田间工程、水利排灌渠系修造和修复以及农田防护林带林网化建设。当前，基础建设的重点应放在农田水利基础设施排灌渠系的建设上，特别是在低洼易涝区的开发和治理上下工夫。加大力度，重点整治，把有效的资金先投入到见效快、效益高的项目中去。根据不同的区域和作物类型，提高基础设施的建设标准，按现代化的园区逐个进行改造，切实改变农业生产条件，使之成为标准化生产良田。

（2）控制化肥、农药等化学品的使用量是提高耕地地力和质量的手段。在施肥方面，应该推广测土配方施肥。推广平衡施肥技术，提高施肥的效率，减少化肥的浪费和残留，板结土壤，造成土壤结构的破坏。在农药的使用上，积极推广以综合防治为主的农田病虫害防治。利用各种农艺措施，如耕翻消灭越冬虫卵，机械或人工除草，减少农药的使用量，高温造肥消灭病虫草害，利用生物化学诱杀和物理诱杀技术消灭虫害，大力提倡使用生物肥料和生物农药以及生物天敌捕杀等技术，使用高效低毒、低残留农药，逐步减少耕地农田对化学品的投入和使用，建设一个生态环境良好的绿色农田家园，提高人们健康的生活水平。

（3）调整农业生产结构。培育肥沃、健康的耕地土壤是当前现代化农业生产的重点。以往长期的农耕劳作，简单的投入产出，已不适应当今现代生产水平的发展。改革开放以来，人们以市场经济为导向的意识越来越强，掠夺式经营不同程度地出现在农业生产中。在从土地获取收益的同时，没有考虑到耕地土壤的培育和耕地质量的下降。因此，在今后提高农业效益的同时，应积极探索科学的用养地结合的方式，发挥政府的引导和调控作用。强化有机肥的积造和使用，将其作为农业的可持续发展战略性措施加以推进。要进一步推广秸秆综合利用和秸秆还田，扩大秸秆还田的品种，如玉米秸秆粉碎还田、水稻高茬收获还田、部分豆科作物秸秆粉碎粉碎还田，充分利用秸秆有机质的活性提高土壤肥力，再有将秸秆变为饲料再转化为肥料，过腹还田，提高秸秆的利用率，增强耕地土壤的肥力和质量，净化环境减少污染。

（4）土壤环境的保护是生态环境建设的重要组成部分。土壤不仅为人类提供农产品，更是生态链中起主导作用的重要一环。应突出土壤环境在生态建设中的主导地位，增强土壤环境保护意识。在农业生产中，要强化监管一些有害、有毒农业生产资料的使用，加强监测，立下规定，控制污染源，使人们赖以生存的耕地土壤良好健康。

（5）推广旱作节水农业。五大连池风景区为雨养农业区。积极推行旱作农业，充分利用天然降水，合理使用地表及地下水资源，实行节水灌溉，是解决五大连池风景区干旱缺水问题的关键所在。

目前，五大连池风景区农田基础设施建设和灌溉方式仍比较落后。实现水浇的仅限于水田，而占耕地面积97.63%的旱田尚无灌溉条件。遇到春旱年份，旱田根本做不到催芽坐水种。在生产中仍然是靠天降水，易受春旱、伏旱、秋旱威胁。水田基本上仍然采用土渠的输水方式，管道输水基本没有，防渗渠道也极少。所以在输水过程中，渗漏严重。今后应不断完善农田基础设施建设，保证灌溉水源，并大力推广使用抗旱品种和抗旱肥料，推广秋翻秋耙春免耕技术、地膜集流增墒覆盖技术、机械化一条龙坐水种技术、苗带重镇压技术、喷灌和滴灌技术、小白龙交替分根间歇灌溉技术、苗期机械深松技术、化肥深施技术和化控抗旱技术及大力推广抗旱种衣剂。

（6）培肥土壤、提高地力。

平衡施肥：化肥是最直接、最快速的养分补充途径，可以达到30%～40%的增产作用。目前，五大连池风景区在化肥施用上存在着很大的盲目性，如氮磷钾比例不合理、施肥方法不科学、肥料利用率低。这次土壤地力质量评价，摸清了土壤大量元素和中微量元素的丰缺情况，得知磷、钾、锌、硼4种元素较缺乏。因此，在今后的农业生产中，应该大面积推广测土配方施肥，达到大、中、微量元素的平衡，以满足作物正常生长的需要。

增施有机肥：大力发展畜牧业，增加有机肥源。畜禽粪便是优质的农家肥，应鼓励和扶持农户大力发展畜牧业，增加有机肥的数量，提高有机肥的质量。做到每公顷施用农家肥 20～35 吨，有机质含量 200 克/千克以上，三年轮施一遍。此外，要恢复传统的积造有机肥方法，搞好堆肥、沤肥、沼气肥、压绿肥。广辟肥源，在根本上增加农家肥的数量。除了直接施入有机肥之外，还应该加强"工厂化、商品化"的有机肥施用。

秸秆还田：作物秸秆含有丰富的氮、磷、钾、钙、镁、硫、硅等多种营养元素和有机质，直接翻入土壤，可以改善土壤理化性状、培肥地力。据调查，农民在解决烧柴、喂饲用途外，完全有能力拿出大部分的秸秆用于还田。据研究，每公顷施用 750 千克的玉米秸秆，可积累有机质 225 千克，大体上能够维持土壤有机质的平衡。同时，在玉米田和小麦田上，可采用高根茬还田。研究表明，公顷产量 750 千克，玉米根茬量大约为 850 千克。其中，有 750 千克的根茬可残留在土壤中，大体相当于施用 1.5 万千克有机肥中有机质的数量。根茬还田能够有效提高土壤肥力，增强农业生产后劲。

种植绿肥：目前，低洼低、地力瘠薄的地块生产能力有限，暂时不适合粮食作物生产。在条件允许的地方，可以引导农民种植绿肥，既可以用于喂饲实行过腹还田，又可以直接还田或堆沤绿肥，使土壤肥力有较大幅度的恢复和提高。

合理轮作调整农作物布局：调整种植业结构要因地制宜，根据五大连池市的气候条件、土壤条件、作物种类和周围环境等合理布局，优化种植结构。不能一味地种植产量低、效益相对较高的大豆，要实行大豆—小麦—玉米（甜菜、蔬菜、马铃薯）轮作制，推广粮草间作、粮粮间作、粮薯间作等，调减大豆的播种面积，增加玉米、小麦、杂粮等经济作物的种植面积。大力发展药材种植。这样不仅可以使耕地地力得到恢复和提高，增加土壤的综合生产能力，还能够增加农民收入，提高经济效益。

建立保护性耕作区：保护性耕作主要是免耕、少耕、轮耕、深耕、秸秆覆盖和化学除草等技术的集成。目前，已在许多国家和地区推广应用。农业部保护性精细耕作中心提供的资料表明，保护性耕作技术与传统深翻耕作相比，可降低地表径流 60%，减少土壤流失 80%，减少大风扬沙 60%；可提高水分利用率 17%～25%，节约人畜用工 50%～60%，增产 10%～20%，提高效益 20%～30%。由此可见，实施保护性耕作不仅可以保持和改善土壤团粒结构，提高土壤供用能力，增加有机质含量，蓄水保墒，而且能降低生产成本，提高经济效益，更有力于农业生态环境的改善。

五大连池风景区应尽快探索出符合现有经济发展水平和农业机械化现状的具有区域特色的保护性耕作模式。在普及化学除草的基础上，免耕、少耕、轮耕等方法互补使用。提高大型农机具的作业比例，实行深松耕法轮作制，使现有的耕层逐渐达到 25～35 厘米。

2. 耕地地力改良的建议

（1）加强领导，提高认识，制定土壤改良规划。进一步加强领导，研究和解决改良过程中的重大问题和困难，切实制定出有利于粮食安全、农业可持续发展的改良规划和具体实施措施。财政、金融、土地、水利、计划等部门要协同作战，全力支持这项工作。鼓励和扶持农民积极进行土壤改良，兼顾经济效益、社会效益和生态效益，促使土壤良性循环，为今后农业生产奠定坚实基础。

（2）加强宣传、培训，提高农民素质。各级政府应该把耕地改良纳入到工作日程，组织科研院所和推广部门的专家，对农民进行专题培训，提高农民素质，使农民深刻认识到耕地改良是为了子孙后代造福，是一项长远的增强农业后劲的重要措施。农民自发地积极参与土壤改良，才能使这项工程长久地坚持下去。

（3）加大建设高标准农田的投资力度。以振兴东北工业基地为契机来振兴东北的农业基地，实现工农业并举。中央财政、省市财政应该对五大连池风景区给予重点资金支持，完善水利工程、防护林工程、生态工程、科技示范园区等工程的设施建设，防止水土流失。

（4）建立耕地质量监测预警系统。为了遏制基本农田的土壤退化和地力下降趋势，国家应立即着手建设黑土监测网络机构，组织专家研究论证，设立监测站和监测点。利用先进的卫星遥感影像作为基础数据，结合耕地现状和 GPS 定位观测，真实反映出黑土区整体的生产能力及其质量变化。

（5）建立耕地改良示范园区。针对各类土壤障碍因素，建立一批不同模式的土壤改良利用示范园区，抓典型、树样板，辐射带动周边农民，推进土壤改良工作的全面开展。

附录3 五大连池风景区耕地地力评价工作报告

五大连池风景区位于黑龙江省西北部，地处小兴安岭南坡松嫩平原的过渡地带，地理位置东经125°53′01.67″~126°59′59.66″，北纬48°35′33.93″~48°46′03.43″。属大陆性寒温带季风气候。东和南与五大连池市相连，西与讷河县接壤，北与嫩江、孙吴隔江相望，积温带在四、五过渡带之间，无霜期95~120天，有效积温2 050~2 300℃，年降水400~600毫米。区内有国有农场、部队农场等单位5个，区辖1个乡镇（处级）、2个街道社区、7个行政村、11个自然屯，全区总土地面积为106 000公顷，总人口为22 684人，其中，区属人口15 592人，农业人口7 092人。五大连池风景区是国家级生态示范区、全国绿色食品标准化大豆和小麦生产基地，1995年被授予"中国大豆之乡"称号。

在国家和省市有关部门的支持下，农业生产得到了迅速发展。2009年，全区农林牧渔总产值6 230万元，其中，农业产值4 768万元。粮食总产量已经达到12 064吨，实现农林牧渔业增加值3 347万元。近几年来，五大连池风景区的种植业结构调整、标准粮田和绿色食品标准化生产基地建设都开始启动。特别是2004年中央1号文件的贯彻执行，"一免三补"政策的落实，极大地调动了广大农民种粮的积极性。大力发展农业生产，促进农村经济繁荣，提高农民收入，确保国家粮食安全，已经成为农业工作的重点。但无论是进一步增加粮食产量、提高农产品质量，还是进一步优化种植业结构、建立绿色食品生产基地以及各种优质粮生产基地，都离不开农作物赖以生长的耕地，都必须了解耕地的地力状况及其质量状况。

一、目的意义

开展耕地地力评价，是测土配方施肥项目的具体要求。测土配方施肥项目的实施，产生了大量的田间调查、农户调查、土壤和植物样品分析测试和田间试验的观测记载数据。对这些数据的质量进行控制、建立标准化的数据库和信息管理系统，是保证测土配方施肥项目成功的关键。充分利用这些数据，并结合全国第二次土壤普查以来的历史资料，建立了测土配方施肥数据库。

1. 开展耕地地力评价，查清当前土壤生态环境状况，为农业生产可持展提供技术支持 随着农业生产的发展，片面追求经济效益，不愿投入，重用轻养现象十分严重。表现在：施肥上重化肥而轻有机肥，产生土壤养分失衡而致肥力衰退；生产管理上放松了精耕细作，过度施用化肥和高毒高残留农药等。如何根据本区的实际条件，促进各相关产业的长远、健康发展，成为十分迫切需要解决的问题。开展耕地地力评价十分及时，利于农业生产的可持续发展。

2. 促进合理配置和利用土地资源，优化农业产业结构 五大连池风景区土壤、地貌类型较复杂，土壤类型较多。自改革开放以来，在原有传统农业的基础上有了较大发展。

种植类型的增多，标准化农业的出现，对土壤及环境的要求也日益科学和规范。当前，五大连池风景区的土地现状是否适应当前及今后一段时期农业生产的发展需求，这些问题急需得到解答。开展全区耕地地力调查，了解土壤养分变化等状况，可进一步推进优化农业结构，以充分提高耕地资源的利用率。

3. 开展耕地地力质量评价，指导科学施肥，降低农业生产成本，提高农业效益 第二次土壤普查的科学数据曾为农业生产提供了丰富的基础资料，指导科学地培肥地力、作物的配方施肥、新型产业的引进等发挥了十分重大的作用。近年来，随着产业结构的改变，作物种类、肥料投入品种和数量的变化，农产品生产要求标准化，再加之随着时间的推移，耕地土壤中的养分结构发生了改变，原有测定数据已经无法满足优质安全农产品生产、土壤环境的保护和修复、可持续发展农业生态环境的建设等提出的更多、更高的指导要求。因此，开展耕地地力评价，应用新的分析评价结果为优质安全农产品的生产、绿色食品的生产、农业生产的标准化，以及研究与探索农业的可持续发展提供新的科学依据。

二、工作组织

1. 成立组织，明确责任 首先，成立耕地地力评价领导小组，具体负责项目的实施工作。领导小组由主管农业的五大连池风景区管理委员会副主任王书义任组长，农业委员会主任沈子春、推广中心主任吴晓云任副组长，下设实施小组，制作方案及开展耕地地力调查的其他各项工作。参加这次耕地地力调查评价工作的机构设在风景区农业技术推广中心。领导小组负责组织协调，制订工作计划，落实人员，安排资金，指导全面工作。实施小组负责具体日常工作，共有 12 人，分为 5 组：领导小组、技术小组、分析测试小组、报告编写小组和专家评价小组。各小组有分工、有协作，各有侧重。在野外调查中，中心技术人员及各村技术员积极配合，保证了耕地地力调查工作的顺利开展。建立了区级耕地地力评价技术组，多次开会讨论在实际工作中遇到的疑难问题，及时向黑龙江省土壤肥料管理站的专家请教，并得到了专家们的大力支持与帮助。尤其在软件应用方面，得到了哈尔滨万图信息技术开发有限公司的鼎力相助。在工作实施及报告的形成过程中，得到了黑龙江省土壤肥料管理站各位领导等的大力支持和关照，使我们的耕地地力评价工作得以顺利开展。

2. 收集图件，获取资料 在开展耕地地力调查评价的过程中，我们收集了有关的基础资料，包括图件。

（1）图件资料。主要包括 1984 年 5 月第二次土壤普查编绘的 1∶10 万的《五大连池市土壤图》、1997—2010 年编绘的 1∶10 万的《五大连池风景名胜区自然保护区土地利用总体规划图》和《五大连池风景区行政区划图》、1∶5 万的《五大连池风景区地形图》。

（2）文字资料。包括五大连池市第二次土壤普查报告、农业、林业、水利、气象、农业机械、土地资源等相关资料，还包括第二次土壤普查编写的《五大连池市土壤》《五大连池市市志》和《五大连池市年鉴》等。

（3）数据资料。主要采用五大连池风景区统计局 2009 年的统计数据资料。五大连池风景区耕地总面积采用卫星遥感数据，包括农田防护林和田间道路以及部分农场地块，与实际耕地面积有一些出入。

3. 开展业务培训，严把质量关　耕地地力调查是一项时间紧、技术性强、质量要求高的业务工作。为使参加调查、采样、化验的工作人员能够正确地掌握技术要领，顺利地完成野外调查和化验分析工作，五大连池风景区按照黑龙江省土肥站的要求，分5次集中培训了参加此项工作的技术人员。

4. 外业采点调查　2009年4月，由农业技术推广中心组织农业技术人员成立了采样调查小组。2009年10月、2010年9月、2011年10月3次分3组在全区范围内全面均匀布点、采样、调查，每年平均用一个月时间来完成工作。采集的样品经风干、研磨处理后，及时化验分析。从保证调查的质量和准确性出发，结合测土配方施肥确定采样点，主要做法如下：

（1）全面代表性。布点首先考虑全区耕地土壤类型分布和土地利用现状，尽可能在第二次土壤普查采样点上布点，以便反映耕地地力的变化情况。保证在同一土类及土种上布点的均匀性，防止过稀或过密。

（2）布点采样及方法。首先，利用土壤图、土地利用现状图及行政区划图，按照《全国耕地地力评价技术规程》的要求，进行科学、准确、有效地在室内图件上布点。采样人员带着布点图到村屯，由村委会成员带领采样人员，到采样单元相对中心位置的典型地块定点取样，进行GPS定位，并调查了解相关信息，填写调查情况表。

取样方法：每23公顷作为一个地力监测单元，同时也作为一个取样单元。取样采用S形法或对角线法，均匀随机采取15～20点。充分混合后，四分法留取1千克，每点取样深度为0～20厘米，贴好内外标签，系好袋，送回化验室。布点方法详见附图3-1。

每个采样点的取土深度及采样量均匀一致，具体方法详见附图3-2。

（3）混合土样制作。一个混合土样以取土1千克左右为宜。如果一个混合样品的数量太大，可用四分法将多余的土壤弃去。方法是，将采集的土壤样品放在盘子里或塑料布上，弄碎、混匀，铺成四方形，画对角线将土样分成4份，把对角的2份分别合并成一份，保留一份，弃去一份。如果所得的样品依然很多，可再用四分法处理，直至所需数量为止。四分法详见附图3-3。

5. 样品分析及质量控制　这次地力调查所分析的土壤项目有pH、有机质、碱解氮、有效磷、速效钾、全氮、全磷、全钾、微量元素铜、锌、铁、锰。pH采用玻璃电极法测定；有机质采用重铬酸钾-硫酸氧化-容量分析法；有效磷采用碳酸氢钠浸提-钼锑抗比色法；速效钾采用乙酸铵浸提-原子吸收分光光度计法等。

保证分析化验质量，要做到：

（1）严格执行《测土配方施肥技术规范（试行）修订稿》。

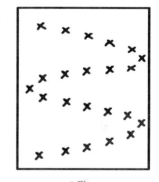

S形

附图3-1

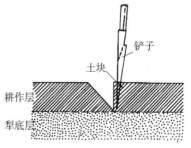

铲子
土块
耕作层
犁底层

附图3-2　土壤采样图

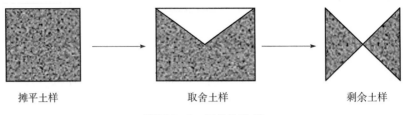

摊平土样　　　　　　　　　取舍土样　　　　　　　　　剩余土样

附图3-3　四分法取样

（2）坚持重复试验，控制精密度。

（3）坚持带标准样或参比样。

（4）注重空白试验。

（5）做好标准曲线。

（6）详细、如实、清晰、完整地记录检测过程。

6. 选择评价指标　结合五大连池风景区的实际情况，根据农业部的总体工作方案和《耕地地力调查评价指南》的要求，按照黑龙江省土壤肥料工作站文件的有关要求，邀请了参加过五大连池第二次土壤普查中有关农业、水利、土地等经验丰富的老专家，又从《全国耕地地力评价指标体系》的64项指标中，选出了适合五大连池风景区耕地地力评价的11项指标，最后确定了速效钾、有效磷、耕层厚度、地形部位、地貌类型、pH、质地、障碍层类型、有效锌、障碍层厚度、有效土层厚度共11项评价指标。

7. 评价单元赋值　根据各评价因子的空间分布图或属性数据库，将各评价因子数据赋值给评价单元，主要采取以下方法：

（1）对点位数据。如有效磷、速效钾、有机质、pH等，采用空间插值的方法形成栅格图与评价单元图叠加，通过统计给评价单元赋值。

（2）对矢量分布图。如质地等，直接与评价单元图叠加，通过加权统计、属性提取，给评价单元赋值。

（3）对等高线。使用数字高程模型，形成坡度图、坡向图，与评价单元图叠加，通过统计给评价单元赋值。

8. 评价指标的标准化　建立层次判断矩阵、确定各评价因素的综合权重、确定耕地地力综合指数分级方案。所谓评价指标标准化，就是要对每一个评价单元不同数量级、不同量纲的评价指标数据进行0～1化。数值型指标的标准化，采用数学方法进行处理；概念型指标标准化先采用专家经验法，对定性指标进行数值化描述，然后进行标准化处理。

采用专家评估法，比较同一层次各因素对上一层次的相对重要性，给出数量化的评估。专家评估的初步结果经合适的数学处理后（包括实际计算的最终结果——组合权重）反馈给专家，请专家重新修改或确认，经多轮反复形成最终的判断矩阵。利用层次分析计算方法，确定每一个评价因素的综合评价权重。采取累积曲线分级法划分耕地地力等级，用加法模型计算耕地生产性能综合指数（IFI），将五大连池风景区耕地地力划分为4级。

本次调查，共建立耕地地力调查点705个，结合测土配方采点4 000个，共获得检验数据26 480个，基本上摸清了五大连池风景区耕地土壤的内在质量和肥力状况。同时，利用Supermap软件，将全区的土壤图、行政区划图、土地利用现状图进行数字化处理。

最后，利用扬州土壤肥料工作站开发的县域耕地资源管理信息系统软件进行耕地地力评价，建立了属性数据库和空间数据库。通过数据化技术，按照五大连池风景区的生产实际，选择了11项评价指标，按照《耕地地力调查评价指南》，将五大连池风景区耕地地力划分为4个等级：一级地力耕地2 316.45公顷，占耕地面积14.1%；二级地力耕地7 969.82公顷，占耕地面积48.5%；三级地力耕地4 099.91公顷，占耕地面积35%；四级地力耕地2 044.92公顷，占耕地面积12.4%。

三、主要工作成果

结合测土配方施肥开展的耕地地力评价工作，获取了有关农业生产的大量的、内容丰富的测试数据和调查资料及相关数字化图件，形成了当前和今后相当一个时期农业生产发展有积极意义的工作成果。

对耕地土壤养分等评价指标进行了更广泛的评价与分析，完成了全区耕地地力的综合分级工作。本次调查主要对五大连池风景区土壤点数据中的有效磷、速效钾、pH、有机质、碱解氮、全氮、全磷、全钾以及微量元素铜、锌、铁、锰和容重等主要的指标进行测试分析，并结合第二次土壤普查结果，通过耕地土壤养分的分析，基本摸清了风景区耕地肥力状况及近年来的变化趋势，最后形成了五大连池风景区有机质等级分布图、碱解氮等级分布图、有效磷等级分布图、速效钾等级分布图、全氮等级分布图、全磷等级分布图、全钾等级分布图、微量元素锌、硼、钼等级分布图、土壤地力等级图等图件。通过耕地地力调查，对五大连池风景区的土壤志和土壤图进一步修订，完善了土壤土种的描述，核实了大量的土壤图上代码。根据《德都土壤志》进行了认真的核对和完善，请专家进行了一一核定，建立了完整统一的新的土壤矢量化图，为五大连池风景区耕地资源管理信息系统的建立提供了依据。

1. 文字报告　五大连池风景区耕地地力评价工作报告，五大连池风景区耕地地力评价技术报告，五大连池风景区耕地地力评价专题报告。

2. 数字化成果图　五大连池风景区土壤图，五大连池风景区土地利用现状图，五大连池风景区行政区划图，五大连池风景区耕地地力等级图，五大连池风景区耕地土壤碱解氮分级图，五大连池风景区耕地土壤有效磷分级图，五大连池风景区耕地土壤速效钾分级图，五大连池风景区耕地土壤有效锌分级图，五大连池风景区耕地土壤有机质分级图，五大连池风景区耕地土壤有效锰分级图，五大连池风景区耕地土壤有效铁分级图，五大连池风景区耕地土壤有效铜分级图，五大连池风景区耕地地力调查点分布图，五大连池风景区耕地土壤全钾分级图，五大连池风景区耕地土壤全氮分级图，五大连池风景区耕地土壤全磷分级图，五大连池风景区耕地土壤大豆适宜性评价图，五大连池风景区耕地土壤玉米适宜性评价图。

四、主要作法与经验教训

本次五大连池风景区耕地地力调查，在黑龙江省土壤肥料工作站的指导下，在五大连池风景区管理委员会的正确领导下，在各协调部门的大力配合下，在全体参加工作人员的齐心努力下，历经一年时间，完成了五大连池风景区耕地地力评价工作。在工作中，各级政府、各村领导及村民们给予了大力协助。根据农业部的总体工作方案和农业技术推广中心的《耕地地力调查评价指南》对各项具体工作内容、质量标准，严格按照要求实施，多方征求意见。尤其是参加过第二次土壤普查的老专家，请他们对五大连池风景区评价指标的选定、各参评指标的评价及权重等提建议和看法，并多次召开专家评价会，反复对参评指标进行研究探讨，以尽量接近实际水平，提高地力评价的质量。

1. 应用现代数字化技术，建立五大连池风景区耕地资源数据库 本次调查，五大连池风景区是结合测土配方施肥项目开展的。利用 Supermap deskpro 软件，将五大连池风景区的土壤图、行政区划图、土地利用现状图进行了数字化处理，并建立了属性数据库和空间数据库。利用扬州土壤肥料工作站开发的《县域耕地资源管理信息系统》软件进行耕地地力评价，形成耕地资源管理单元共705个。结合五大连池风景区的生产实际，共选择了11项评价指标，按照《耕地地力调查评价指南》将耕地地力划分为4个等级。即一级地2 316.45公顷，占14.1%；二级地7 969.82公顷，占48.5%；三级地4 099.91公顷，占25%；四级地2 044.92公顷，占12.4%。一级地属高产田土壤，面积共2 316.45公顷，占14.1%；二级、三级为中产田土壤，面积为12 069.73公顷，占73.5%；低产田合计2 044.92公顷，占基本耕地面积的12.4%。中低产田合计14 114.65公顷，占耕地总面积的85.9%。按照《全国耕地类型区耕地地力等级划分标准》进行归并，风景区现有国家四级地2 316.45公顷，占14.1%；五级地12 069.73公顷，占73.5%；六级地2 044.92公顷，占12.4%，基本摸清了五大连池风景区耕地土壤的肥力状况。

本次调查是自第二次土壤普查以来所进行的规模最大、采用技术最为先进、调查项目最多的一次耕地土壤地力调查工作。通过耕地地力质量评价分析，完成了五大连池风景区耕地地力评价的工作报告和五大连池风景区耕地地力评价的技术报告，获得了化验分析数据26 480多个，对分析数据和资料进行了整理归档，并保存了705个调查点的土壤样品，完成了采样点基本情况和农户施肥情况的调查，并填写了调查表。通过耕地地力质量评价，获得了大量内容丰富的测试数据和调查资料，形成了对五大连池风景区当前和今后相当一个时期农业生产发展有积极意义的工作成果。

本次的耕地地力调查，运用的技术手段先进、信息量大、信息准确、全面直观，为今后的测土配方施肥工作奠定了良好的基础。先进技术的广泛应用，将对农业生产的发展起到巨大的推动作用。

2. 主要体会 在耕地地力质量评价工作中，风景区农业部门首次应用"3S"技术。由于以前没有这方面的知识和经验，加之基础薄弱，对于掌握和运用在调查的过程中遇到很多的难点。

通过对软件的进一步开发，以特别简单合理的程序、简而易行的操作方式，让广大的科技人员和农民都能掌握，并且行之有效。这对农业生产的提高和促进发展都是功在当代、利在千秋。

五、资金的使用情况

在耕地地力评价实施的过程中,严格按照测土配方施肥资金管理办法以及项目实施合同执行,严格资金管理,专款专用,杜绝占用、挪用。同时,千方百计落实地方配套资金。资金使用构成为:物质准备及资料收集费、野外调查交通差旅补助费、会议及技术培训费、资料汇总及编印费、专家咨询及活动费、技术指导与组织管理费、图件数字化及制作费、耕地资源信息管理系统项目验收及专家评审费等。具体资金的使用情况见附表3-1。

附表3-1　资金使用情况汇总

支　出	金额（万元）	构成比例（%）
物资准备及资料收集	5.0	12.5
野外调查交通差旅补助费	4.5	11.25
会议及技术培训费	4.5	11.25
分析化验费	10.0	25.0
资料汇总及编印费	4.5	11.25
专家咨询及活动费	2.0	5.0
技术指导与组织管理费	4.0	10.0
图件数字化及制作费	5.5	13.75
合　计	40.0	100.0

六、存在的问题与建议

本次耕地质量评价是结合国家测土配方施肥项目同步进行的,工作任务量大,时间仓促。因此,评价是初步的,在今后的工作中我们将进一步完善这项工作。主要存在的问题:

一是布点数量较少。五大连池风景区有耕地16 431.1公顷,取点只有705多个点,平均每个点代表23公顷。如五大连池风景区有退耕还林、石龙地块很零星的地块分布,在采点评价上有时样点不一定完全布到。在今后的工作中,应根据每年地力监测采样的化验情况,不断增加采样点数、化验评价点项次,不断更新评价结果,并且把区域耕地管理信息系统的功能全面熟练运用,以最新的成果指导农民施肥。

二是利用的原有图件与现实的生产现状不完全符合,水旱田的区分、面积的大小、数量的变化,有的地方出入较大。

三是耕地的评价面积与实际面积的比较不符。

四是耕地地力评价系统的软件程序有一定的局限性,需要不断地更新。

五是在化验检验的设备上,还需进一步地配备和加强,做到所有的设备配齐配全,性能质量过关,免去更多的修理和维护费用,以免耽误时效。

数字化耕地地力评价是一个新生事物，由于人员的技术水平和时间有限，在数据的分析调查上还不够全面，有待进一步深入细化，纳入日常工作去做，进一步完善。成果的应用也只是一个简单开始，在今后的工作和生产上，有待进一步地研究如何利用，使耕地地力评价工作更好地转化为生产力，更好地服务于农业生产，给各级政府部门提供科学依据、指导农业生产。

今后应加强此项工作的人员配备和培训工作。随着科技的进步和社会经济的发展，农业的基础地位越来越显著、越重要，应不断加强农业科技的投入，对人民生活水平的提高，对保护耕地地力、保护土壤的生态环境和农业可持续发展，都有重要的意义。

七、五大连池风景区耕地地力评价工作大事记

1. 2009 年 1 月，风景区农业技术推广中心赵金玲、李青梅参加第二期全省测土配方施肥化验员资格培训班，系统地学习了土壤化验技术，掌握了土壤氮、磷、钾以及微量元素的化验方法，取得了省级土壤化验员资质。

2. 2009 年 2 月 16 日，召开了测土配方施肥协调会，乡（镇）主管领导和村书记、村长、技术员参加，会议由风景区农业技术推广中心主任吴晓云同志主持，风景区农委主任闫关民同志作了重要讲话，农业技术推广中心副主任赵金玲同志讲解了配方施肥土壤采样技术方案，同时成立了采集领导小组。

3. 2009—2011 年，连续 3 年聘请嫩江县农业技术推广中心土肥站站长林影同志对五大连池风景区的测土配方施肥进行培训、化验，并进行实地指导。

4. 2009 年 4 月 15 日，在外业采样工作前，聘请了北安市农业技术推广中心土肥站站长杨勇就项目的主要技术路线、GPS 的使用方法、外业工作需要注意的事项等内容进行了实地指导。

5. 2009 年 10 月 2 日，开展了第一次外业采样工作。此次行动采样 4 000 个，历时 20 天。

6. 2010 年 9 月 28 日，开展了第二次外业采样工作。此次行动采样 2 000 个，历时 15 天。

7. 2010 年 12 月 20 日，黑龙江省土壤肥料工作站化验设备基本到位。风景区农业技术推广中心聘请省里有关专家来我处化验室进行安装调试，后化验室进入试运行阶段。

8. 2011 年 2 月 21 日，曾多次聘请呼玛县农业技术推广中心丁济文、拜泉县汤彦辉就空间制作等材料整理进行指导。

9. 2011 年 2 月 15 日—3 月 25 日，土样制备、阴干、研磨等工作结束，正式开始化验。

10. 2011 年 3 月 1 日，五大连池风景区耕地地力评价领导小组的成员和农业技术推广中心有关同志共同研究工作方案。

11. 2011 年 3 月 10 日，风景区农业技术推广中心主任吴晓云等同志到区统计局、国土局、水利局、镇政府、五大连池市气象局等单位收集有关资料和图件。

12. 2011 年 3 月 29 日，《2005 年、2008 年、2009 年测土配方施肥项目县耕地地力评

价工作会议》在黑龙江省省农科教培训中心召开，风景区农业技术推广中心吴晓云参加了会议。黑龙江省省土壤肥料工作站站长胡瑞轩到会并做了重要讲话，省站聘请的专家陈政莎、汪利君、汤彦辉同志对参会人员就"耕地地力评价工作流程""耕地地力评价报告编写""基础数据标准化"和"GPS定位及采样方法"进行了培训。

13. 2011年4月14日，风景区农业技术推广中心下发了《关于认真做好耕地地力评价土样采集工作的通知》，要求各乡镇村屯做好采样配合准备工作。

14. 2011年5月30日，碱解氮、有效磷、速效钾、pH、有机质等常规5项化验内容化验工作结束。

15. 2011年6月10日，黑龙江省土壤肥料工作站组织2008年、2009年项目县的工作人员参加了全国农业技术推广服务中心主办、扬州市土壤肥料工作站协办的"县域耕地资源管理信息系统应用培训班"。风景区农业技术推广中心李青梅同志参加了培训班，扬州市土壤肥料专家就"耕地地力评价指标体系和评价模型""土壤养分丰缺评价及其应用""县级农业专业图件制作规范""应用测土配方施肥数据构建县域施肥指标体系"和"耕地地力评价验收规范与要求"等11项内容做了重点培训。

16. 2011年10月1日，开展了第三次采样工作。此次行动采样2 000个，历时15天。

17. 2011年11月，五大连池风景区第一个配肥站正式成立。占地面积2 000平方米，库房1 500平方米，总建筑面积500平方米，年生产掺混肥料8 000吨。

18. 2011年7月11日，黑龙江省土壤肥料工作站组织2009年项目县的工作人员参加省站与成都土壤肥料检测中心联合举办"植株样品化验技术培训班"，风景区农业技术推广中心赵金玲参加了培训班。

19. 2011年8月10~12日，黑龙江省土壤肥料工作站付建和科长带领有关专家到风景区农业技术推广中心检查项目落实和执行情况。

20. 2011年11月15日，风景区土壤数据化验全部结束。

21. 2011年11月21日，吴晓云、安慧凡、刘妍绮去黑龙江省土壤肥料工作站制作风景区耕地工作空间。

22. 2011年12月14日，吴晓云、刘妍绮去黑龙江省土壤肥料工作站确定耕地地力等级，从空间导出数据；着手写风景区耕地地力评价报告，12月26日完成报告初稿。

23. 2012年11月9日，吴晓云、刘妍绮去黑龙江省土壤肥料工作站接受专家指导；完善风景区耕地地力评价报告，12月1日完成报告定稿。

附录4 五大连池风景区村级土壤属性统计表

附表4-1 各村土壤中pH统计

村名	一级	二级	三级	四级	样本数（个）	平均值	最小值	最大值
大庆农场	6.07	6.00	6.04	5.93	125	6.04	5.78	6.59
药泉林场	0	6.10	5.97	6.15	30	6.10	5.86	6.47
焦得布村	6.68	6.26	6.39	6.52	16	6.42	6.01	7.20
小孤山林场	0	0	6.26	6.05	17	6.15	5.87	6.56
邻泉村	6.33	6.08	6.12	0	19	6.14	5.90	6.43
清泉村	6.31	6.01	5.96	6.35	38	6.15	5.62	6.70
林业工作站	0	0	6.22	6.27	10	6.23	6.06	6.47
良种场村	6.64	5.96	5.95	6.04	15	6.10	5.78	7.36
龙泉村	6.20	6.07	6.15	6.00	59	6.09	5.83	6.90
湖区村	0	0	0	5.99	11	5.99	5.87	6.22

附表4-2 各村土壤中有机质含量统计

单位：克/千克

村名	一级	二级	三级	四级	样本数（个）	平均值	最小值	最大值
大庆农场	72.25	71.26	60.16	85.16	125	66.96	43.64	91.74
药泉林场	0	52.27	51.62	54.27	30	53.43	43.64	62.90
焦得布村	54.21	55.55	62.51	51.70	16	54.92	42.79	65.09
小孤山林场	0	0	50.87	61.82	17	56.66	47.77	72.04
邻泉村	70.74	65.08	64.85	0	19	65.52	56.78	80.90
清泉村	81.08	72.64	83.35	123.68	38	81.97	41.44	178.86
林业工作站	0	0	61.02	55.64	10	60.48	52.81	70.41
良种场村	107.12	86.46	67.55	79.15	15	84.57	51.19	137.32
龙泉村	55.90	72.51	77.56	64.82	59	69.22	47.17	108.81
湖区村	0	0	0	83.82	11	83.82	62.90	91.74

附表4-3 各村土壤中碱解氮含量统计

单位：毫克/千克

村名	一级	二级	三级	四级	样本数（个）	平均值	最小值	最大值
大庆农场	270.39	287.27	277.61	285.39	125	278.47	203.24	389.34
药泉林场	0	259.10	253.78	272.24	30	266.44	241.92	317.52

（续）

村名	一级	二级	三级	四级	样本数（个）	平均值	最小值	最大值
焦得布村	263.18	270.22	286.72	267.09	16	268.91	234.36	296.73
小孤山林场	0	0	277.96	293.21	17	286.04	245.70	321.30
邻泉村	248.39	286.53	282.28	0	19	279.61	234.36	331.38
清泉村	264.63	251.90	235.97	252.44	38	254.03	164.00	312.17
林业工作站	0	0	270.97	285.18	10	272.39	219.24	294.34
良种场村	295.62	220.91	221.17	261.85	15	241.38	181.24	353.43
龙泉村	326.95	280.35	277.99	313.35	59	294.29	179.02	394.63
湖区村	0	0	0	317.40	11	317.40	302.40	340.20

附表 4-4　各村土壤中有效磷含量统计

单位：毫克/千克

村名	一级	二级	三级	四级	样本数（个）	平均值	最小值	最大值
大庆农场	117.59	112.36	41.74	49.11	125	82.26	16.73	242.80
药泉林场	0	48.12	27.24	64.91	30	53.75	16.73	152.45
焦得布村	125.81	95.03	43.71	98.82	16	100.23	39.49	226.10
小孤山林场	0	0	51.50	37.58	17	44.13	22.81	70.89
邻泉村	84.37	47.34	47.31	0	19	51.22	35.38	93.65
清泉村	134.49	119.43	120.77	157.40	38	128.62	49.11	274.50
林业工作站	0	0	36.22	33.89	10	35.99	19.98	49.11
良种场村	109.93	101.23	74.78	64.30	15	90.99	30.55	194.20
龙泉村	88.16	89.80	31.04	91.68	59	79.01	18.04	177.73
湖区村	0	0	0	49.19	11	49.19	33.41	72.20

附表 4-5　各村土壤中速效钾含量统计

单位：毫克/千克

村名	一级	二级	三级	四级	样本数（个）	平均值	最小值	最大值
大庆农场	185.21	139.31	173.74	173.50	125	167.22	20.00	299.00
药泉林场	0	230.00	251.50	216.75	30	226.90	133.00	366.00
焦得布村	93.75	121.13	140.00	58.67	16	103.75	18.00	187.00
小孤山林场	0	0	146.88	143.67	17	145.18	80.00	210.00
邻泉村	186.00	207.50	197.46	0	19	198.37	122.00	232.00
清泉村	190.60	154.08	101.86	143.33	38	158.03	54.00	240.00
林业工作站	0	0	195.33	189.00	10	194.70	178.00	230.00
良种场村	159.67	46.33	114.25	162.50	15	102.60	5.00	222.00
龙泉村	164.67	134.15	115.09	165.38	59	142.14	22.00	302.00
湖区村	0	0	0	203.18	11	203.18	136.00	366.00

附表4-6　各村土壤中有效铜含量统计

单位：毫克/千克

村名	一级	二级	三级	四级	样本数（个）	平均值	最小值	最大值
大庆农场	1.96	1.89	2.06	2.03	125	1.98	1.40	2.69
药泉林场	0	1.78	1.69	1.95	30	1.87	1.40	2.38
焦得布村	1.96	2.11	1.85	2.19	16	2.07	1.73	2.55
小孤山林场	0	0	2.06	1.84	17	1.94	1.47	2.43
邻泉村	1.95	2.35	2.31	0	19	2.28	1.61	2.87
清泉村	1.98	2.20	2.29	1.91	38	2.11	1.40	2.71
林业工作站	0	0	2.09	2.06	10	2.09	1.90	2.44
良种场村	1.58	1.92	2.13	1.72	15	1.88	1.47	2.54
龙泉村	1.96	2.11	2.01	2.07	59	2.06	1.52	2.51
湖区村	0	0	0	2.25	11	2.25	1.40	2.71

附表4-7　各村土壤中有效铁含量统计

单位：毫克/千克

村名	一级	二级	三级	四级	样本数（个）	平均值	最小值	最大值
大庆农场	26.69	26.63	26.70	26.68	125	26.68	26.18	28.09
药泉林场	0	26.71	26.65	26.66	30	26.66	26.23	27.00
焦得布村	26.47	26.75	26.79	26.69	16	26.67	26.23	27.07
小孤山林场	0	0	26.75	26.65	17	26.70	26.51	26.84
邻泉村	27.17	28.16	28.10	0	19	28.02	27.07	29.11
清泉村	26.78	26.77	26.80	27.18	38	26.81	26.27	28.03
林业工作站	0	0	26.97	27.00	10	26.97	26.16	28.09
良种场村	26.73	26.90	26.77	26.96	15	26.84	26.31	27.16
龙泉村	36.43	36.57	27.34	36.75	59	34.87	23.08	103.54
湖区村	0	0	0	26.73	11	26.73	26.63	26.93

附表4-8　各村土壤中有效锰含量统计

单位：毫克/千克

村名	一级	二级	三级	四级	样本数（个）	平均值	最小值	最大值
大庆农场	24.80	24.73	22.37	16.63	125	23.60	12.17	77.40
药泉林场	0	20.18	17.21	20.91	30	19.88	14.20	32.28
焦得布村	24.36	23.72	23.23	22.05	16	23.54	14.76	36.91
小孤山林场	0	0	35.39	50.86	17	43.58	15.16	76.09
邻泉村	21.07	23.72	23.88	0	19	23.55	15.25	33.75

（续）

村名	一级	二级	三级	四级	样本数（个）	平均值	最小值	最大值
清泉村	26.22	24.55	20.92	21.40	38	24.29	12.62	62.64
林业工作站	0	0	26.44	26.60	10	26.46	20.60	40.53
良种场村	18.21	17.92	27.11	20.37	15	20.76	12.17	34.45
龙泉村	36.02	50.97	28.20	51.52	59	44.56	16.83	78.05
湖区村	0	0	0	29.20	11	29.20	22.22	33.75

附表 4-9　各村土壤中有效锌含量统计

单位：毫克/千克

村名	一级	二级	三级	四级	样本数（个）	平均值	最小值	最大值
大庆农场	0.83	0.80	0.75	0.81	125	0.78	0.53	1.48
药泉林场	0	0.68	0.64	0.77	30	0.73	0.53	1.28
焦得布村	1.04	0.80	0.76	0.80	16	0.86	0.64	1.37
小孤山林场	0	0	0.74	0.83	17	0.79	0.47	1.20
邻泉村	0.87	0.65	0.73	0	19	0.73	0.58	1.17
清泉村	0.87	0.88	0.88	0.77	38	0.87	0.63	1.35
林业工作站	0	0	0.95	0.81	10	0.94	0.65	1.48
良种场村	0.79	0.72	0.74	0.68	15	0.74	0.58	1.00
龙泉村	0.87	0.73	0.82	0.70	59	0.76	0.46	1.16
湖区村	0	0	0	1.01	11	1.01	0.58	1.28

附表 4-10　各村土壤中全氮含量统计

单位：克/千克

村名	一级	二级	三级	四级	样本数（个）	平均值	最小值	最大值
大庆农场	3.14	3.13	3.11	3.03	125	3.12	2.85	3.32
药泉林场	0	3.20	3.20	3.22	30	3.21	2.85	3.31
焦得布村	3.16	3.09	3.04	3.15	16	3.11	3.02	3.29
小孤山林场	0	0	3.07	3.14	17	3.11	2.98	3.17
邻泉村	3.12	2.79	2.86	0	19	2.87	2.57	3.22
清泉村	3.13	3.08	3.10	3.19	38	3.11	2.92	3.42
林业工作站	0	0	3.14	3.18	10	3.14	3.08	3.18
良种场村	3.21	3.09	3.07	3.19	15	3.12	3.00	3.32
龙泉村	3.19	3.26	2.84	3.27	59	3.17	2.50	4.40
湖区村	0	0	0	3.18	11	3.18	2.96	3.32

附表 4 - 11　各村土壤中全磷含量统计

单位：克/千克

村名	一级	二级	三级	四级	样本数（个）	平均值	最小值	最大值
大庆农场	0.97	1.07	1.02	0.97	125	1.02	0.74	1.36
药泉林场	0	0.60	0.64	0.60	30	0.61	0.26	1.02
焦得布村	1.07	1.05	1.12	1.08	16	1.07	0.85	1.24
小孤山林场	0	0	1.06	1.03	17	1.04	0.96	1.23
邻泉村	1.02	1.18	1.13	0	19	1.13	0.90	1.27
清泉村	0.96	0.99	1.09	0.80	38	0.98	0.66	1.26
林业工作站	0	0	0.91	0.75	10	0.89	0.75	1.16
良种场村	1.04	1.11	1.08	0.72	15	1.04	0.66	1.36
龙泉村	0.89	0.94	1.07	0.95	59	0.96	0.55	1.50
湖区村	0	0	0	0.95	11	0.95	0.26	1.36

附表 4 - 12　各村土壤中全钾含量统计

单位：克/千克

村名	一级	二级	三级	四级	样本数（个）	平均值	最小值	最大值
大庆农场	18.13	17.82	18.15	21.14	125	18.10	13.63	24.45
药泉林场	0	15.25	15.42	15.08	30	15.18	12.96	18.37
焦得布村	17.46	18.58	20.51	18.49	16	18.40	17.20	21.87
小孤山林场	0	0	18.70	17.48	17	18.05	16.89	22.30
邻泉村	16.85	16.04	15.50	0	19	15.76	11.52	20.07
清泉村	17.38	18.44	17.97	17.32	38	17.85	15.18	25.28
林业工作站	0	0	18.75	16.05	10	18.48	16.05	24.45
良种场村	15.76	18.71	18.17	15.83	15	17.59	13.63	21.87
龙泉村	27.85	26.20	20.89	27.02	59	25.64	15.15	47.01
湖区村	0	0	0	17.34	11	17.34	12.96	24.42

主要参考文献

黑龙江省土壤肥料管理站，2010. 黑龙江省耕地地力调查与质量评价技术规程［S］. 哈尔滨：黑龙江省质量技术监督局.

南京农业大学，1994. 土壤农化分析［M］. 北京：中国农业出版社.

沈善敏，1998. 中国土壤肥力［M］. 北京：中国农业出版社.

田有国，辛景树，甲铁申，2006. 耕地地力评价指南［M］. 北京：中国农业科学技术出版社.

张炳宁，彭世琪，张月平，2008. 县域耕地资源管理信息系统数据字典［M］. 北京：中国农业出版社.

图书在版编目（CIP）数据

黑龙江省五大连池风景区耕地地力评价 / 赵金玲主
编 . —北京：中国农业出版社，2017.10
ISBN 978 - 7 - 109 - 22843 - 6

Ⅰ.①黑…　Ⅱ.①赵…　Ⅲ.①风景区－耕作土壤－土
壤肥力－土壤调查－五大连池市②风景区－耕作土壤－土
壤评价－五大连池市　Ⅳ.①S159.235.3②S158

中国版本图书馆 CIP 数据核字（2017）第 070939 号

中国农业出版社出版
（北京市朝阳区麦子店街 18 号楼）
（邮政编码 100125）
责任编辑　杨桂华

中国农业出版社印刷厂印刷　新华书店北京发行所发行
2017 年 10 月第 1 版　2017 年 10 月北京第 1 次印刷

开本：787mm×1092mm 1/16　印张：11　插页：8
字数：280 千字
定价：108.00 元
（凡本版图书出现印刷、装订错误，请向出版社发行部调换）

五大连池风景区行政区划图

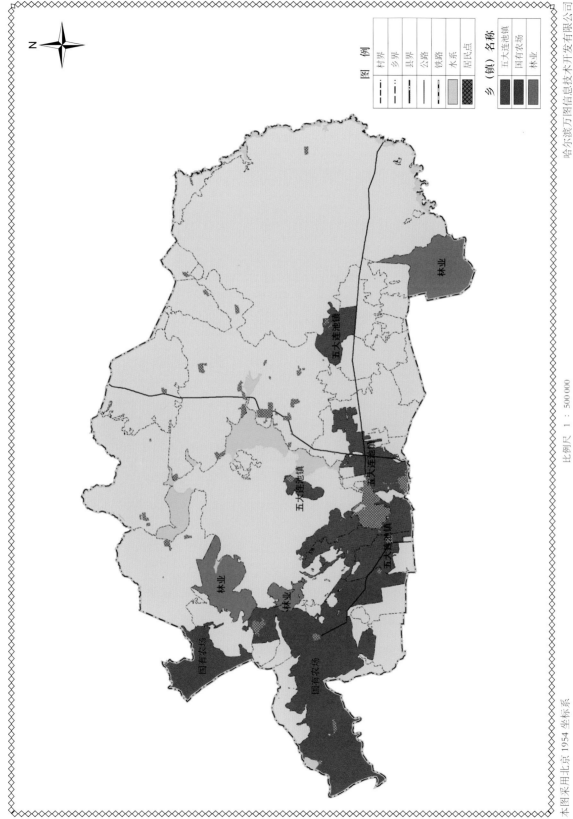

本图采用北京 1954 坐标系　　　　比例尺　1：500 000　　　　哈尔滨万图信息技术开发有限公司

图　例

	村界
	乡界
	县界
	公路
	铁路
	水系
	居民点

乡（镇）名称

	五大连池镇
	国有农场
	林业

五大连池风景区土地利用现状图

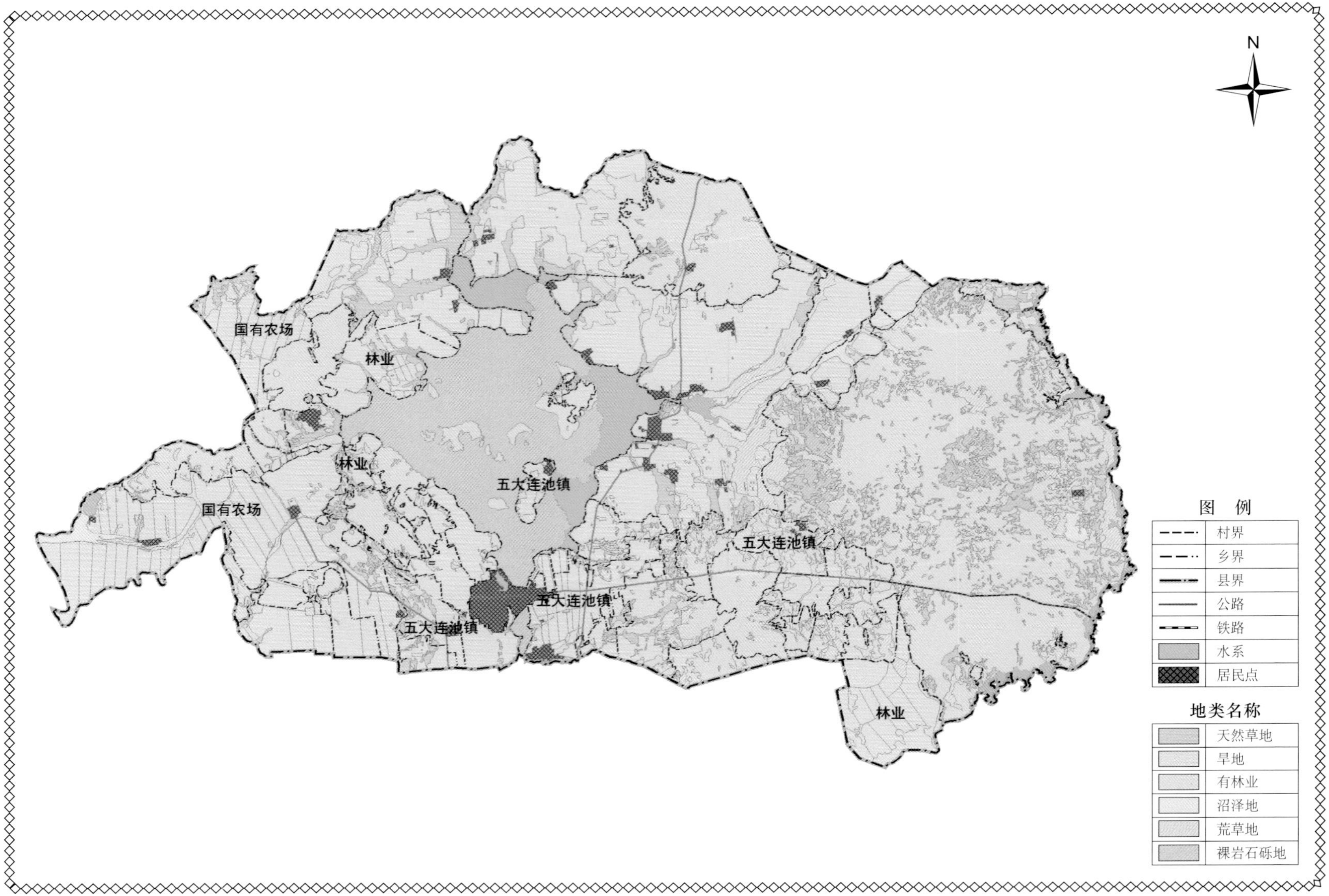

哈尔滨万图信息技术开发有限公司

图 例

村界
乡界
县界
公路
铁路
水系
居民点

地类名称

天然草地
旱地
有林业
沼泽地
荒草地
裸岩石砾地

比例尺 1：500 000

本图采用北京 1954 坐标系

五大连池镇

五大连池镇

五大连池镇

五大连池镇

林业

林业

林业

国有农场

国有农场

五大连池风景区土壤图

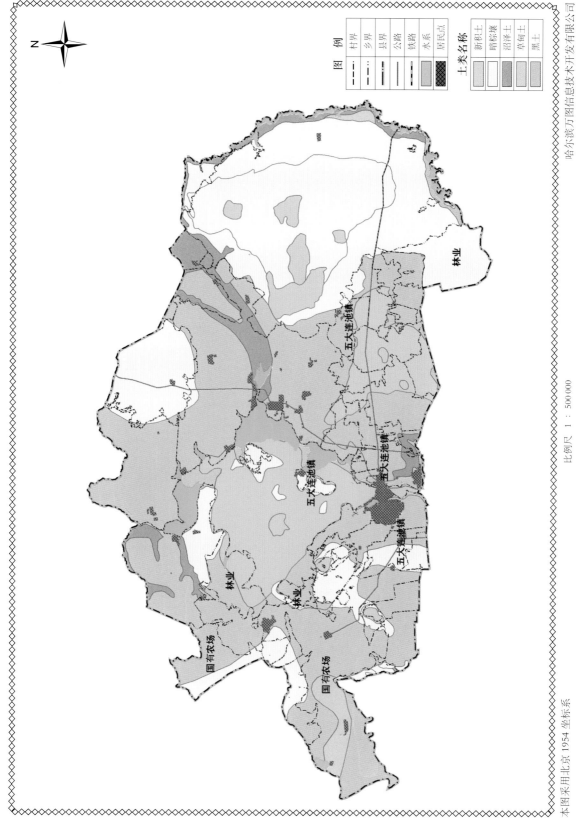

图　例
村界
乡界
县界
公路
铁路
水系
居民点

土类名称
新积土
暗棕壤
沼泽土
草甸土
黑土

五大连池镇
五大连池镇
五大连池镇
五大连池镇
林业
林业
林业
国有农场
国有农场

本图采用北京1954坐标系　　比例尺　1：500 000　　哈尔滨万图图信息技术开发有限公司

五大连池风景区耕地地力调查点分布图

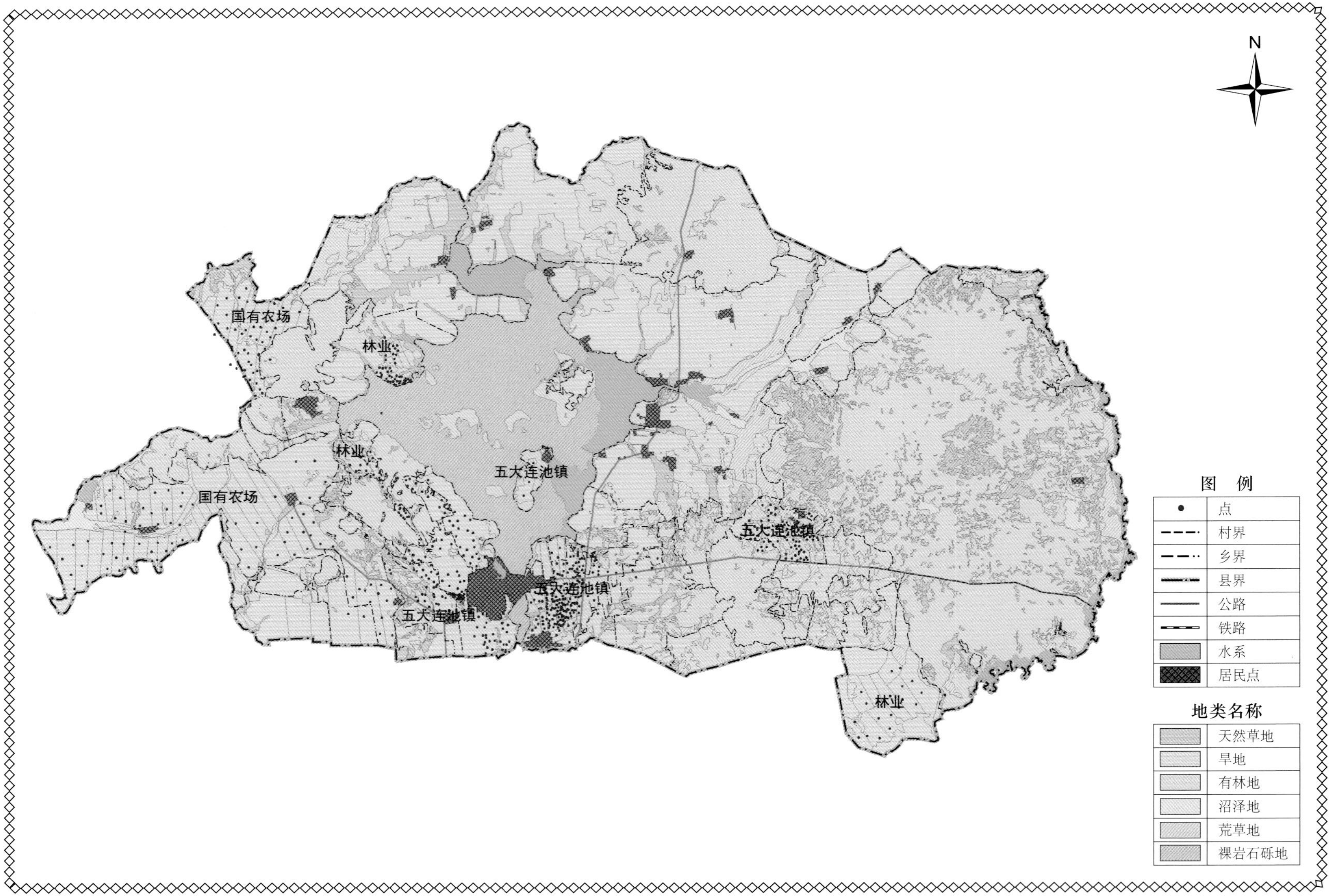

哈尔滨万图信息技术开发有限公司

图　例

点
村界
乡界
县界
公路
铁路
水系
居民点

地类名称
天然草地
旱地
有林地
沼泽地
荒草地
裸岩石砾地

比例尺　1：500 000

五大连池镇

五大连池镇

五大连池镇

林业

林业

林业

国有农场

国有农场

N

1954 坐标系

五大连池风景区耕地地力分级图

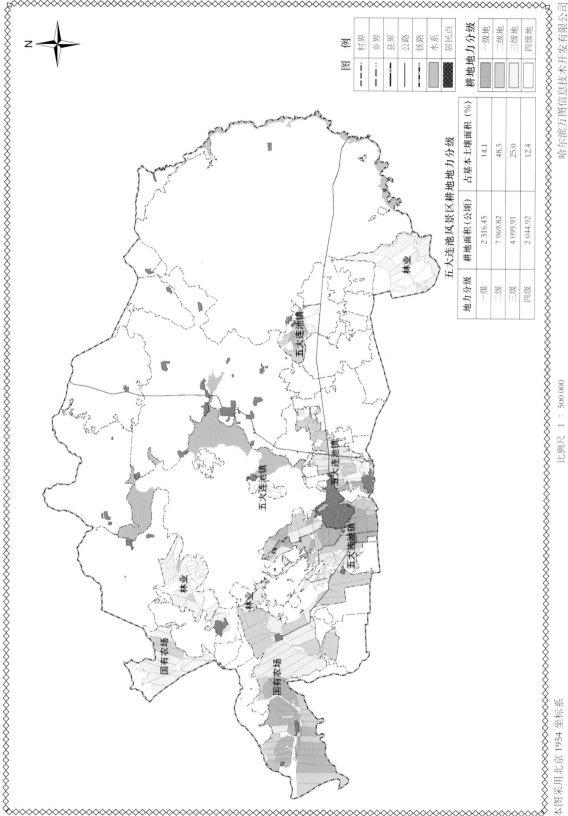

图 例

村界	
乡界	
县界	
公路	
铁路	
水系	
居民点	

耕地地力分级

一级地	
二级地	
三级地	
四级地	

五大连池风景区耕地地力分级

地力分级	耕地面积（公顷）	占基本土壤面积（%）
一级	2 316.45	14.1
二级	7 969.82	48.5
三级	4 099.91	25.0
四级	2 044.92	12.4

比例尺 1：500 000

哈尔滨万图信息技术开发有限公司

本图采用北京 1954 坐标系

五大连池风景区耕地土壤有机质分级图

哈尔滨万图信息技术开发有限公司

图 例

	村界
	乡界
	县界
	公路
	铁路
	水系
	居民点

有机质 (兑/千克)

	40~60
	>60

比例尺 1：500 000

本图采用北京 1954 坐标系

五大连池风景区耕地土壤全氮分级图

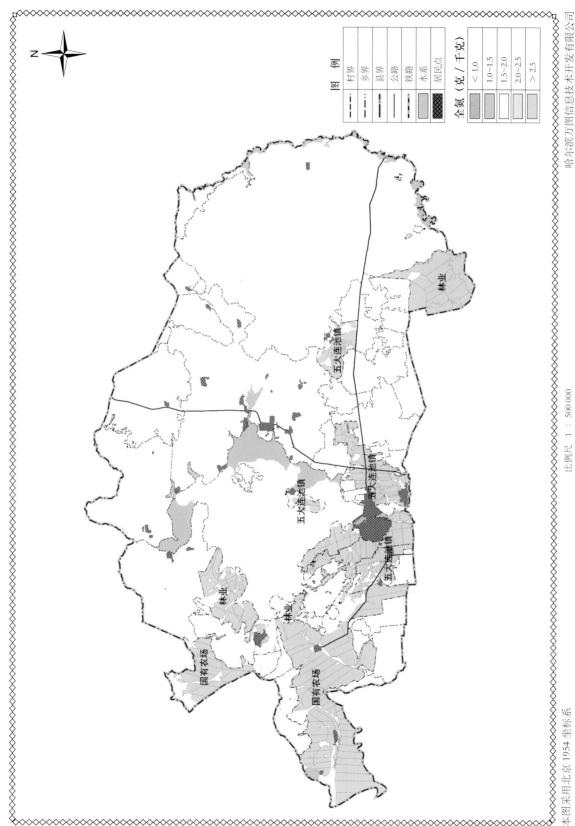

本图采用北京1954坐标系　　　　比例尺 1 : 500 000　　　　哈尔滨万图信息技术开发有限公司

图　例

- · - · -	村界
- ·· - ·· -	乡界
	县界
	公路
	铁路
	水系
	居民点

全氮（克／千克）

	< 1.0
	1.0~1.5
	1.5~2.0
	2.0~2.5
	> 2.5

五大连池镇

五大连池镇

五大连池镇

五大连池镇

林业

林业

林业

国有农场

国有农场

五大连池风景区耕地土壤碱解氮分级图

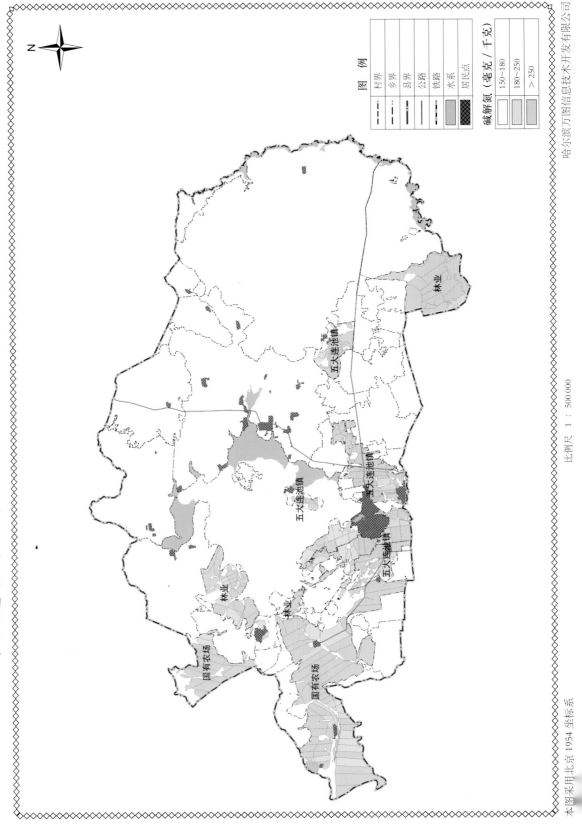

图 例

	村界
	乡界
	县界
	公路
	铁路
	水系
	居民点

碱解氮（毫克／千克）

	150~180
	180~250
	>250

比例尺 1：500 000

本图采用北京 1954 坐标系

哈尔滨万图图信息技术开发有限公司

五大连池镇

林业

五大连池镇

五大连池镇

五大连池镇

国有农场

林业

林业

国有农场

五大连池风景区耕地土壤速效钾分级图

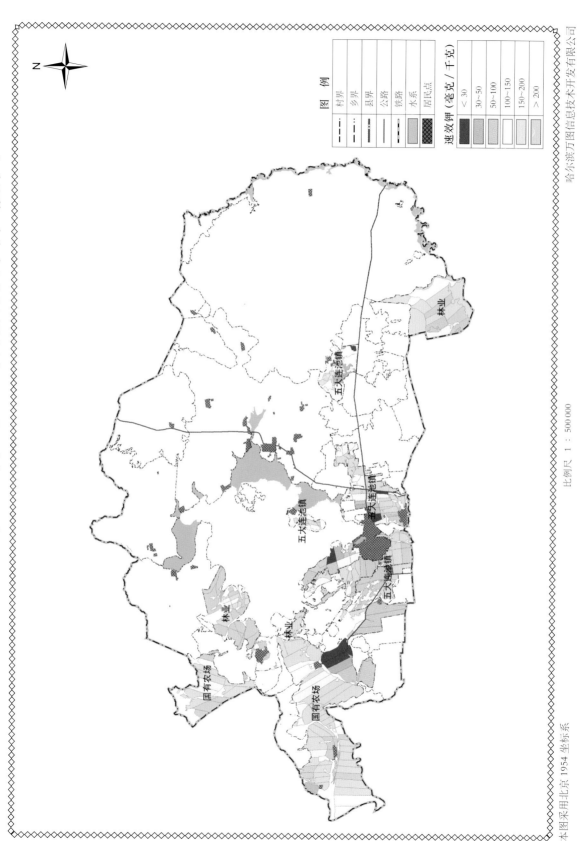

图 例

	村界
	乡界
	县界
	公路
	铁路
	水系
	居民点

速效钾（毫克／千克）

	＜30
	30～50
	50～100
	100～150
	150～200
	＞200

林业

五大连池镇

五大连池镇

五大连池镇

五大连池镇

林业

林业

国有农场

国有农场

本图采用北京 1954 坐标系

比例尺 1：500 000

哈尔滨万图信息技术开发有限公司

五大连池风景区耕地土壤有效磷分级图

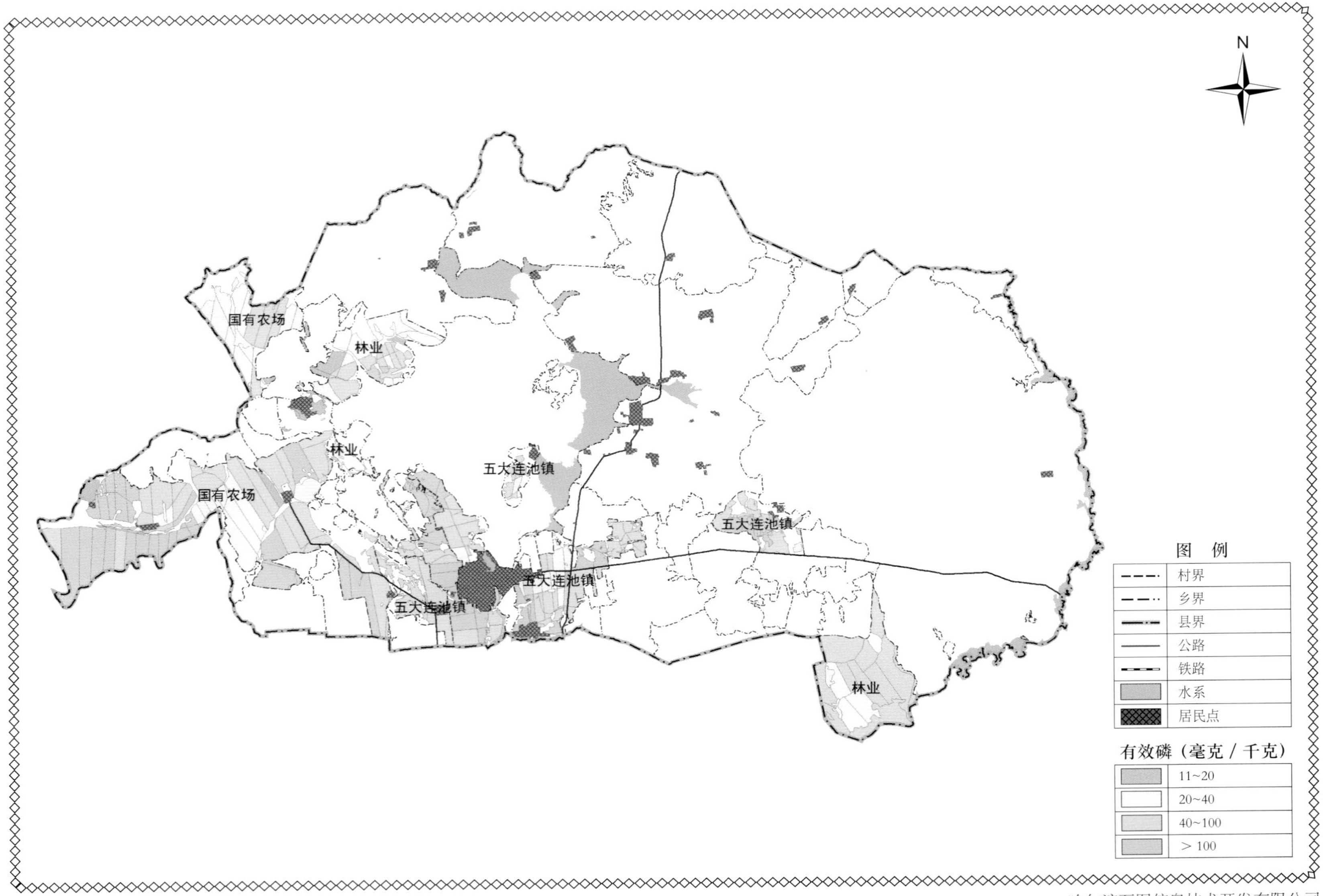

图例

	村界
	乡界
	县界
	公路
	铁路
	水系
	居民点

有效磷（毫克／千克）

	11~20
	20~40
	40~100
	>100

N

五大连池镇

五大连池镇

五大连池镇

五大连池镇

林业

林业

林业

国有农场

国有农场

比例尺 1：500 000

哈尔滨万图信息技术开发有限公司

采用平面坐标1954坐标系

五大连池风景区耕地土壤有效锌分级图

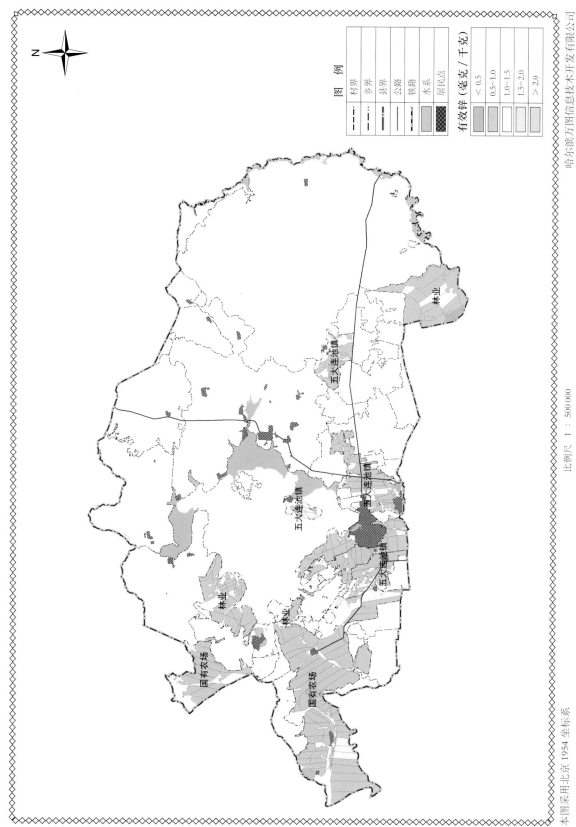

图 例

村界	
乡界	
县界	
公路	
铁路	
水系	
居民点	

有效锌（毫克/千克）

< 0.5	
0.5~1.0	
1.0~1.5	
1.5~2.0	
> 2.0	

五大连池镇

五大连池镇

五大连池镇

五大连池镇

林业

林业

林业

国有农场

国有农场

比例尺 1：500 000

本图采用北京 1954 坐标系

哈尔滨万图信息技术开发有限公司

五大连池风景区耕地土壤有效锰分级图

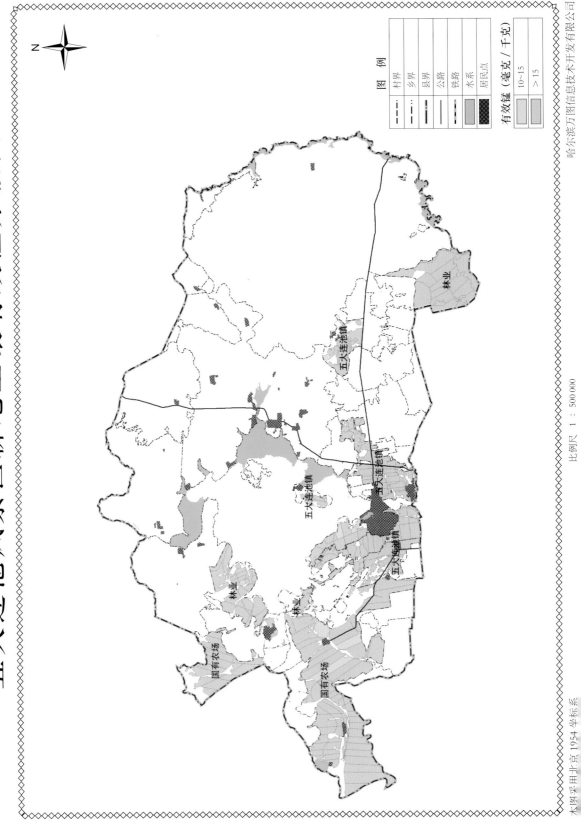

哈尔滨万图信息技术开发有限公司

图　例

	村界
	乡界
	县界
	公路
	铁路
	水系
	居民点

有效锰（毫克／千克）

	10~15
	＞15

五大连池镇

五大连池镇

五大连池镇

五大连池镇

五大连池镇

林业

林业

林业

林业

国有农场

国有农场

比例尺　1：500 000

本图采用北京 1954 坐标系

五大连池风景区耕地土壤有效铜分级图

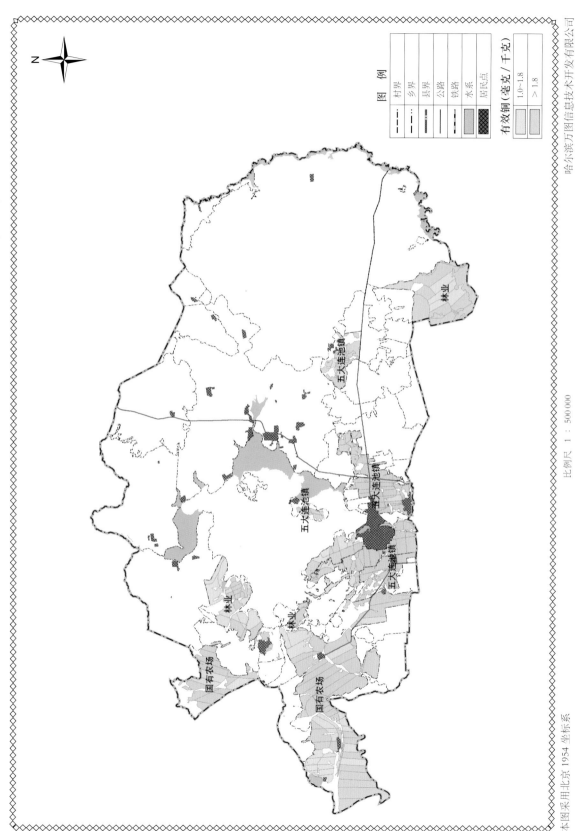

哈尔滨万图信息技术开发有限公司

图　例

	村界
	乡界
	县界
	公路
	铁路
	水系
	居民点

有效铜（毫克/千克）

	1.0~1.8
	＞1.8

比例尺　1：500 000

本图采用北京 1954 坐标系

五大连池风景区耕地土壤有效铁分级图

图例

村界	
乡界	
县界	
公路	
铁路	
水系	
居民点	

有效铁（毫克/千克）

	20~40
	40~60
	60~80
	>80

比例尺 1：500 000

本图采用北京1954 华标系

哈尔滨万图信息技术开发有限公司

五大连池风景区大豆适宜性评价图

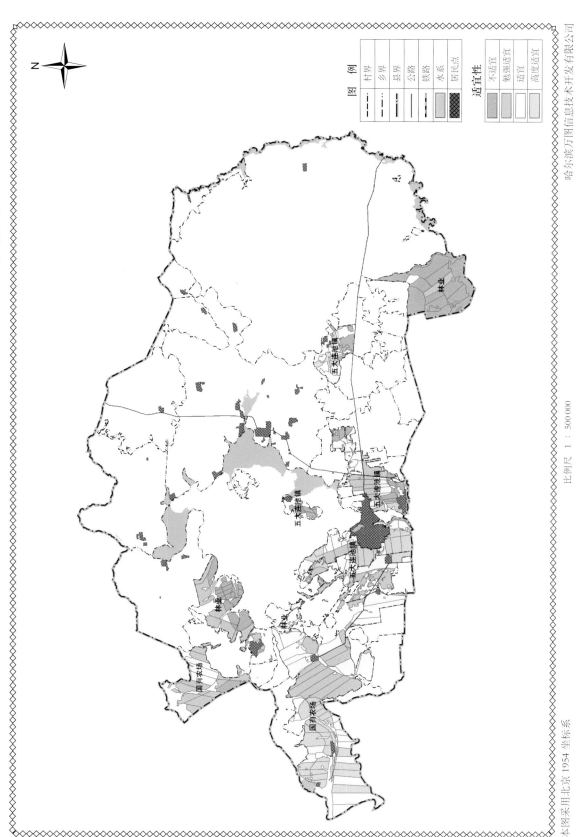

本图采用北京 1954 坐标系   比例尺 1：500 000   哈尔滨万图信息技术开发有限公司

图 例

	村界
	乡界
	县界
	公路
	铁路
	水系
	居民点

适宜性

	不适宜
	勉强适宜
	适宜
	高度适宜

N

五大连池风景区玉米适宜性评价图

哈尔滨万图信息技术开发有限公司

图例

	村界
	乡界
	县界
	公路
	铁路
	水系
	居民点

适宜性

	不适宜
	勉强适宜
	适宜
	高度适宜

五大连池镇

五大连池镇

五大连池镇

五大连池镇

林业

林业

林业

林业

国有农场

国有农场

比例尺 1:500 000